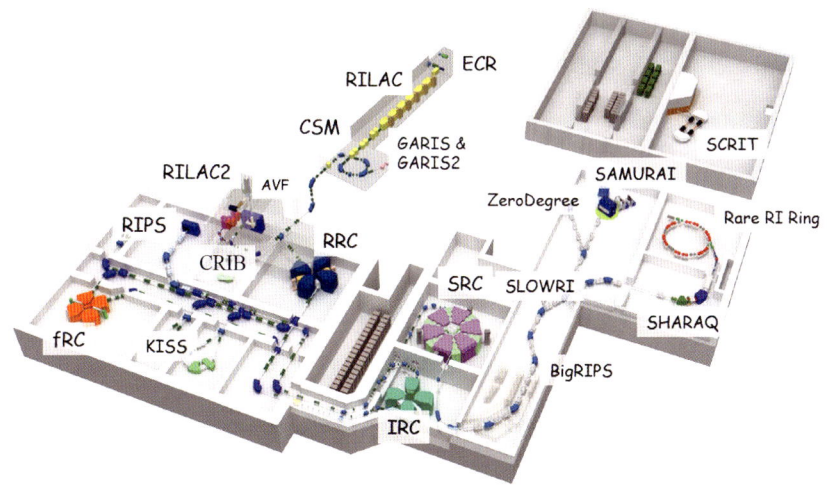

口絵 1　不安定核の世界的研究拠点，理化学研究所（理研）RI ビームファクトリー（RIBF）の鳥瞰図．2006 年に，fRC，IRC，SRC の計 3 台のサイクロトロンが新たに建設され，2007 年より本格稼働した．SRC は世界最大の超伝導サイクロトン（本文 p.45 図 3.8 参照）．

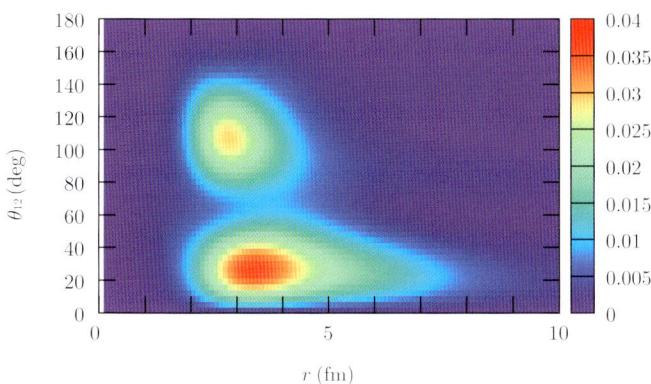

口絵 2　萩野らの 3 体模型計算による ^{11}Li の 2 中性子相関．^{11}Li は 2 個の中性子がハローとして広がり ^{9}Li+n+n（3 体）とみなせる．横軸 r はコアからハロー中性子までの距離を表し，θ_{12} は ^{9}Li から見た 2 個の中性子のなす角である．文献 [23] を基に作成（本文 p.80 図 4.18 参照）．

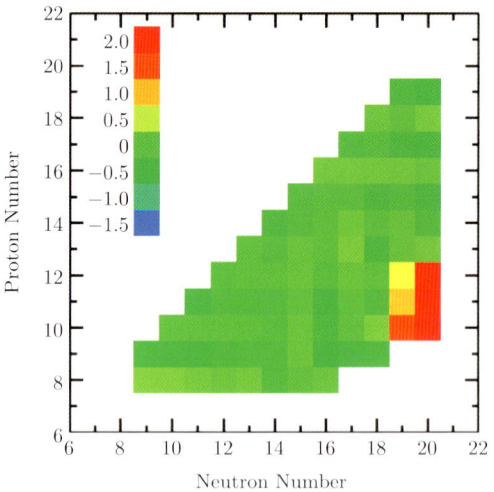

口絵 3 　中性子魔法数 20 の消失を示す核（逆転の島）を核図表上に示したもの．殻模型計算と実験値との質量差を表し，これが大きいと魔法数の消失を意味する．図は文献 [53] より転載 (Reprinted figure with permission from [53] copyright (2006) by the American Physical Society)（本文 p.105 図 5.4 参照）．

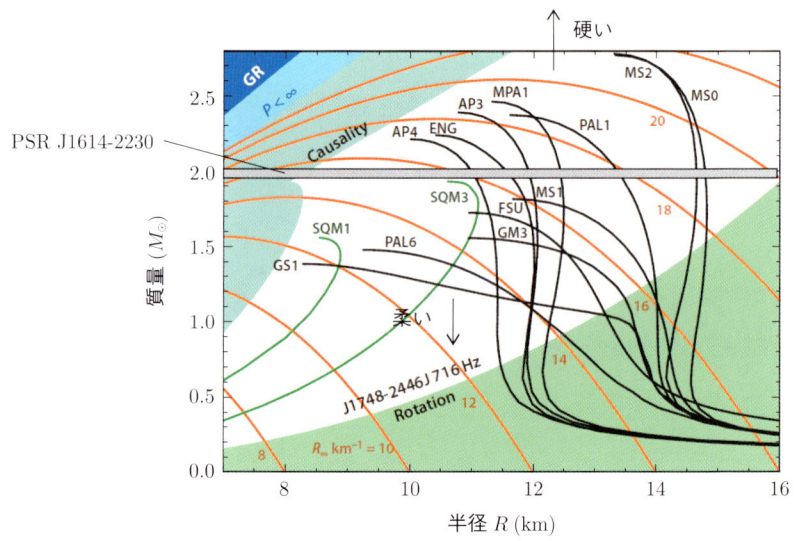

口絵 4 　中性子星の質量と半径の関係．黒い実線は核物質の状態方程式に基づいて計算された質量と半径の間の関係を表す曲線である．灰色の水平の帯で示しているのはパルサー J1614-2230 で観測された質量の領域 $M = 1.97(4)M_\odot$ である [88]．図は文献 [90] を基に作成（本文 p.150 図 6.6 参照）．

Frontiers in Physics 8

不安定核の物理
中性子ハロー・魔法数異常から
中性子星まで

中村隆司 [著]

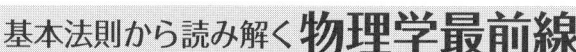

須藤彰三 [監修]
岡 真

共立出版

刊行の言葉

　近年の物理学は著しく発展しています．私たちの住む宇宙の歴史と構造の解明も進んできました．また，私たちの身近にある最先端の科学技術の多くは物理学によって基礎づけられています．このように，人類に夢を与え，社会の基盤を支えている最先端の物理学の研究内容は，高校・大学で学んだ物理の知識だけではすぐには理解できないのではないでしょうか．

　そこで本シリーズでは，大学初年度で学ぶ程度の物理の知識をもとに，基本法則から始めて，物理概念の発展を追いながら最新の研究成果を読み解きます．それぞれのテーマは研究成果が生まれる現場に立ち会って，新しい概念を創りだした最前線の研究者が丁寧に解説しています．日本語で書かれているので，初学者にも読みやすくなっています．

　はじめに，この研究で何を知りたいのかを明確に示してあります．つまり，執筆した研究者の興味，研究を行った動機，そして目的が書いてあります．そこには，発展の鍵となる新しい概念や実験技術があります．次に，基本法則から最前線の研究に至るまでの考え方の発展過程を"飛び石"のように各ステップを提示して，研究の流れがわかるようにしました．読者は，自分の学んだ基礎知識と結び付けながら研究の発展過程を追うことができます．それを基に，テーマとなっている研究内容を紹介しています．最後に，この研究がどのような人類の夢につながっていく可能性があるかをまとめています．

　私たちは，一歩一歩丁寧に概念を理解していけば，誰でも最前線の研究を理解することができると考えています．このシリーズは，大学入学から間もない学生には，「いま学んでいることがどのように発展していくのか？」という問いへの答えを示します．さらに，大学で基礎を学んだ大学院生・社会人には，「自分の興味や知識を発展して，最前線の研究テーマにおける"自然のしくみ"を理解するにはどのようにしたらよいのか？」という問いにも答えると考えます．

　物理の世界は奥が深く，また楽しいものです．読者の皆さまも本シリーズを通じてぜひ，その深遠なる世界を楽しんでください．

須藤彰三

岡　真

まえがき

　中性子と陽子からできた原子核は，見える物質の大半の質量を占め，私たちの身の回りから，宇宙の果てに至るまで，ありとあらゆるところに存在する．そのため，「物質」の物理とその起源を理解するうえで必須の粒子である．原子核の研究は，ラザフォードによる発見以来，「安定核」とよばれる中性子数と陽子数がほぼ同数からなる天然の原子核を中心に進められてきた．今から約30年前に，陽子に比べて中性子が非常に多い原子核「中性子過剰核」や，逆に陽子が多い「陽子過剰核」を人工的に効率よく生成する革新的技術が生まれ，原子核物理の対象が飛躍的に増えることとなった．こうした中性子過剰核，陽子過剰核を「不安定核」と呼んでいる．以来，その生成技術・研究手法はさらに進展し，「不安定核物理」は原子核物理学の中心的分野に成長した．本書では，こうした不安定核物理の基本から最新の研究成果までを解説する．

　不安定核物理の研究は，安定核の研究で常識となっていたことを次々と覆してきた．原子核の秩序を特徴づける「魔法数」が消失し，一方で新魔法数が発見されている．陽子・中性子の密度分布は安定核ではほぼ相似形であるが，中性子数が過剰になると核表面が変化し，中性子物質だけでできた中性子ハローや中性子スキンが形成される．文字通り不安定で寿命が短い不安定核も，宇宙の爆発的天体現象（超新星爆発や中性子星合体）では，瞬間的に存在したと考えられている．つまり，宇宙でどのようにして物質・元素が生まれてきたかを探るための道標にもなる．さらに，巨大な原子核とでもいうべき中性子星の物理を理解するうえでも，不安定核の研究が重要になっている．

　我が国は，中間子理論の湯川秀樹や，アジア初（世界で2番目）のサイクロトロンを建設した仁科芳雄以来，原子核物理学で世界の最先端を走ってきた．仁科芳雄の伝統を引き継ぐ理研には，1990年に不安定核研究施設が誕生し，さらに，2007年には大幅にアップグレードしたRIビームファクトリ(RIBF)がスタートした．RIBFは，現在，世界一の性能を誇る不安定核研究施設として，世界中から核物理研究者が集う不安定核研究のハブとなっている．アジア初となる元素 ($Z=113$) もここで発見された．本書を読むとわかるように，多くのオ

リジナルの先端的成果が，理研での実験から生まれていることがわかるだろう．筆者もここで育ち，現在も研究を進めている．本書を通じて研究現場の息吹を少しでも伝えられればと思う．

　本林透氏，萩野浩一氏には原稿全体に目を通していただき，ご助言・ご意見に従って修正をほどこすことができた．また住吉光介氏，民井淳氏，浜本育子氏からもご助言をいただいた．ここに深く感謝したい．また，完成まで辛抱強く待っていただいた共立出版の島田誠氏にも謝意を表したい．

2016 年 2 月 　　　　　　　　　　　　　　　　　　　　　　　　　　中村隆司

目　次

第1章　はじめに：原子核，不安定核，そして宇宙　　1

第2章　原子核の限界　　7

2.1　安定核と不安定核 7
2.2　原子核の質量 – 原子核の安定性 9
　　2.2.1　結合エネルギーとその飽和性 9
　　2.2.2　原子核の質量公式 12
　　2.2.3　β 安定性で見る安定核と不安定核 13
　　2.2.4　ドリップライン 15
2.3　原子核はどうして $N = Z$ を好むのか – フェルミガス模型 ... 17
　　2.3.1　原子核のフェルミガス模型 18
　　2.3.2　フェルミガス模型による対称エネルギーの導出 19
2.4　原子核はどうして $N = Z$ を好むのか – 核力 21
　　2.4.1　2核子系 21
　　2.4.2　中心力とテンソル力 24
　　2.4.3　核力と不安定核 26

第3章　不安定核を作る　　29

3.1　不安定核生成反応 1：核破砕反応 30
　　3.1.1　核破砕反応の描像 30

　　　　3.1.2　入射エネルギーと核破砕反応の起こる条件 31
　　　　3.1.3　核破砕片の運動量分布 33
　3.2　不安定核生成反応2：核分裂反応 36
　　　　3.2.1　誘起核分裂反応 36
　　　　3.2.2　クーロン核分裂反応 39
　3.3　インフライト型不安定核分離装置 41
　　　　3.3.1　インフライト型不安定核分離装置の原理 41
　　　　3.3.2　インフライト型不安定核分離装置の特徴 43
　　　　3.3.3　インフライト型不安定核分離装置を用いた不安定核ビーム施設 44
　3.4　オンライン同位体分離装置 46
　　　　3.4.1　オンライン同位体分離装置の原理 47
　　　　3.4.2　オンライン同位体分離装置の特徴 48
　　　　3.4.3　オンライン同位体分離装置を用いた不安定核ビーム施設 49
　　　　3.4.4　次世代型低速RIビーム 51

第4章　中性子ハロー　　　　　　　　　　　　　　　　　　53

　4.1　中性子ハローの発見 57
　　　　4.1.1　相互作用断面積と異常な半径 57
　　　　4.1.2　ハンセンとヨンソンによる推論 – 中性子ハロー 63
　　　　4.1.3　コア核の運動量分布と中性子ハロー 65
　4.2　ハロー構造の基本 –1中性子ハロー核 68
　　　　4.2.1　1粒子模型による1中性子ハロー核 68
　　　　4.2.2　殻構造と1中性子ハロー 73
　　　　4.2.3　1中性子ハロー核の1粒子軌道 77
　4.3　ハロー構造の基本 –2中性子ハロー核 77
　　　　4.3.1　2中性子ハロー核の特徴 – ダイニュートロン相関の可能性 78
　　　　4.3.2　2中性子ハロー核の軌道混合とダイニュートロン相関 . 81
　4.4　クーロン分解反応とソフト双極子励起 82
　　　　4.4.1　巨大双極子共鳴とソフト双極子共鳴 82

4.4.2　クーロン分解反応 85
　　　4.4.3　ソフト双極子励起のメカニズム 87
　　　4.4.4　ソフト双極子励起の直接分解反応モデル 90
　　　4.4.5　ソフト双極子励起による核分光と天体核反応への応用 . 92
　　　4.4.6　2中性子ハロー核のソフト双極子励起 94
　　　4.4.7　^{11}Liにおけるsp混合の起源 97
　4.5　中性子ハロー核の描像と今後の展開 99

第5章　不安定核の殻進化 – 魔法数の消失と出現　　101

　5.1　逆転の島の発見と魔法数 $N=20$ の破れ 102
　　　5.1.1　質量の異常 104
　　　5.1.2　殻構造の異常と逆転の島 105
　　　5.1.3　不安定核インビーム γ 線核分光の登場 – ^{32}Mgのクーロン励起 107
　5.2　逆転の島 – 研究の展開 113
　　　5.2.1　核破砕反応を用いたインビーム γ 線核分光 113
　　　5.2.2　逆転の島 – 最近の実験的研究 118
　　　5.2.3　新魔法数 $N=16$ とドリップラインの異常 121
　5.3　逆転の島現象のメカニズム 123
　　　5.3.1　大規模殻模型計算による殻進化の理解 123
　　　5.3.2　弱束縛（ハロー）効果 128
　　　5.3.3　ニルソン模型による逆転の島の描像 130
　　　5.3.4　逆転の島現象は理解されたのか 132
　5.4　殻進化の研究 – 研究の展開 134

第6章　中性子過剰核で探る中性子星　　137

　6.1　核物質の状態方程式 138
　6.2　中性子星 141
　　　6.2.1　中性子星の構造 142

- 6.2.2 簡単な模型で見た中性子星 144
- 6.2.3 中性子星の観測 147
- 6.2.4 中性子星と核物質の状態方程式 150
- 6.3 中性子スキン核 151
  - 6.3.1 中性子スキンの測定 153
  - 6.3.2 中性子スキンの形成と状態方程式 156
  - 6.3.3 中性子スキン核のピグミー共鳴 158
- 6.4 中性子スキン核と状態方程式 – 研究の展開 161
  - 6.4.1 安定核の電気双極子応答と中性子スキン 162
  - 6.4.2 核物質の状態方程式と今後の展開 165

第 7 章　結び – 不安定核物理の展望　　169

参考文献　　174

第1章 はじめに：原子核，不安定核，そして宇宙

　我々の宇宙は，水素からウランに至るさまざまな**元素**から成り立っていて，多様な世界を形作っている．宇宙は，その進化の過程で**原子核の反応**が進むことによって元素が生まれ，多様になった．例えば，我々生命体にとって重要な元素である炭素の生成も，原子核構造の絶妙なバランスがあって初めて可能になった．このように，原子核は宇宙の主要な構成要素であり，観測可能な物質の 99.9% 以上の質量を占めるため，物質世界としての宇宙を理解するうえで必要不可欠な粒子である．原子核そのものは半径が 1 兆分の 1cm 程度にも満たない極めて小さい粒子で，複数個の陽子と中性子（総称して**核子**と呼ばれる）が強い相互作用の一種「**核力**」で結びついたものである．天然には，最も軽い水素原子核（**陽子**）から，原子番号（=陽子数 Z）が 92 のウラン原子核まで約 270 種類の**安定核**が存在する．本書は，原子核の中でも，天然には存在しない短寿命の**不安定核**の物理に焦点をあてたものである．不安定核の種類は理論的には約 7000 とも 10000 とも言われているが，現時点で実験的に同定されたのは約 3000 種のみで，その性質はほとんどわかっていない．

　不安定核の研究は近年の加速器技術の進展によって急速に進展しつつあり，これまでの原子核物理の常識を覆す**魔法数の異常**，**ハロー**などの興味深い現象がみつかっている．中性子数と陽子数を自由に変えた原子核を人工的に作ることで，これまで隠されていた核力の性質や多体現象が明らかになり，広い意味での核子多体系の統一的理解が今後進むものと期待される．不安定核の多くは，恒星の燃焼過程，特に，宇宙の爆発的な天体現象である**超新星爆発**や**中性子星どうしの衝突や合体**などで瞬間的に存在したと考えられていて，宇宙の元素合成過程を理解する鍵ともなっている．巨大な原子核とも言われる高密度天体「**中性子星**」を理解するうえでも重要である．

　原子核は，そもそも約 100 年前に，ラザフォードとその弟子ガイガー，マース

デンによってアルファ線と金との散乱実験から発見された．高速のアルファ粒子を金箔に入射すると，予想に反して，20000 回に 1 回程度の割合ではあるが，後方（進行方向に対して 90° 以上）に散乱された．ラザフォードはこれを「紙に向けて弾丸を打ち込んだときに，それが跳ね返ってきて自分自身に打ち込まれたような衝撃的なできごとだった」と語ったそうである．ラザフォードの実験はまた，金原子核というミクロな量子力学的粒子の**大きさ**を初めて測った実験でもあった．この実験で，原子核の大きさが，原子（つまり原子核を取り巻く電子の軌道の広がり）に比べて 1 千分の 1 にも満たない極微な粒子であることが初めて明かされたのである．また，高エネルギーの粒子を標的に衝突させて散乱させ，その微視的な状態を観測したという意味で，原子核・素粒子物理学分野で現在標準的に用いられている加速器実験（散乱実験）の原型ともなった．

ラザフォードの実験以来，**安定核の実験**で導かれた**原子核の標準的描像**とはどのようなものであろうか．原子核は，中性子と陽子をこれ以上詰めることができない限界にまで詰めこんだ状態になっており（**密度の飽和性**），核子どうしは**核力**と呼ばれる**強い相互作用**の一種で結合している[1]．密度は原子核によらずほぼ一定であり，非常に高密度である．仮に原子核を 1 cm^3 の大きさにできたとするとその質量は約 3 億トンにも達する．原子核の半径 (r) は，密度が一定であるため（つまり体積が質量数 A に比例するため）$A^{1/3}$ に比例し，ほぼ $r = 1.2 \times A^{1/3}$[fm] である．ここで 1 fm= 10^{-15} m であり，[fm]（フェムトメートルまたはフェルミと呼ばれる）という単位は原子核レベルの長さを表すのに便利な単位である．この式から原子核は重ければ重いほど半径が増えていくことがわかる．

原子核は量子力学に支配される有限多体系で，スピン 1/2 をもつ中性子と陽子は，フェルミ粒子として核内をほぼ**自由**に動き回っている．密度が飽和しているのに自由に動き回るというのは一見不思議なことであるが，実際，核子は核内を光速の 20% 程度という平均速度でフェルミ運動をしているのである．また，原子核は殻構造と呼ばれる量子力学的な秩序をもっていて，特に安定となる核子数を魔法数と呼んでいる（標準的な魔法数は 2，8，20，28，50，82，126 である）．一方で多くの核子が核内で一斉に同じ方向に運動する振動や回転運動といった集団運動性を示すこともある．原子核は**表面**を有するユニークな多体

---

[1] 核力の他に陽子はクーロン相互作用（反発力）も受ける．

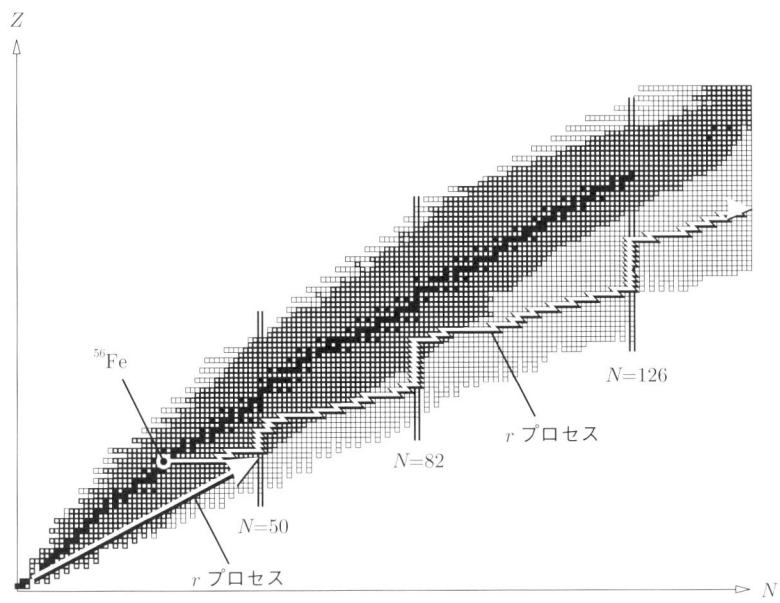

図 1.1 原子核図表．横軸を中性子数 N，縦軸を陽子数 Z としてプロットしたもの．四角の 1 つが原子核の 1 つの種類（核種）に対応する．黒塗りの四角は天然に存在する安定核で，太線白抜き四角はこれまでに実験で確認された約 3000 種の不安定核である．細線白抜き四角は未知の不安定核でそれ以上の数が存在すると予想されている．図にはさらに宇宙での重元素合成の主要過程である r プロセスの一例を矢印（白）で示した．r プロセスは宇宙の爆発的な環境下で中性子を連続的に捕獲しながら中性子過剰核を経由して重元素が合成される過程であり，中性子数が魔法数となる $N = 50, 82, 126$ の滞留点（ウェイティングポイント）が重要な役割を果たす．当初，r プロセスは ^{56}Fe 付近の種原子核から出発すると考えられていたが，最近の研究では，ばらばらになった核子から軽い中性子過剰領域を通って進むという説が有力になっている（$N = 50$ 付近に進む直線矢印で模式的に示した）[1]．

系である．表面をもつため形もあり，大部分は球形，あるいは変形した楕円体である．このように，原子核は，複合粒子であるため一見複雑であるが，興味深い様相を見せるとともに美しい秩序をもっている．

図 1.1 は核図表と呼ばれる原子核の地図で，横軸を中性子数，縦軸を陽子数にとり束縛した原子核を示したものである．図の黒塗りの四角は，天然に存在する約 270 種の原子核（**安定核**）である．安定核は，約 100 年にわたる核物理の研究の主な対象となってきたもので，核物理の基本的性質はここから求めら

れた．

　一方，不安定核は核図表（図 1.1）で黒塗り以外の部分である．不安定核の研究は，核図表上で安定核の近傍にあるものについては 1970 年ごろより細々と行われてきたが，1980 年代の中ごろ高エネルギーの反応を使って人工的に不安定核を効率よく生成する技術（重イオンビームの入射核破砕反応による不安定核ビーム生成とインフライト型不安定核分離法，第 3 章で紹介）が開発されて以降，急速に発展した．さらに 2007 年には新世代型の不安定核ビーム施設 RI ビームファクトリー (RIBF) が日本の理化学研究所で稼働し，今，まさに第二の黄金期にさしかかったと言える．2020 年代初頭にはドイツ，米国，韓国でも新世代型の不安定核ビーム施設が稼働予定である．

　不安定核物理の誕生は，核物理に新しい自由度を与えた．中性子数と陽子数のアンバランス（アイソスピン自由度と呼ばれる）によって，密度分布のアンバランスが生まれ，中性子ハローや中性子スキンといった中性子だけでできた状態が核の表面に現れることがわかった．また，中性子ハローや中性子スキンは，密度分布が中性子と陽子で同じであるという安定核での常識を覆し，低密度状態にある原子核物質という新しい研究対象にもなった．原子核の量子力学的秩序を代表する「殻構造」は中性子過剰核では安定核とは違う様相を示し，従来知られていた魔法数が消失したり，新しい魔法数の存在が確認されつつある．

　さらに，2 中性子が空間的に強く相関した状態「ダイニュートロン」や，α 粒子（^{4}He 原子核）が原子核中に陽に現れる「アルファクラスター状態」，「強い変形状態」など，安定核にはないさまざまな量子多体的性質が明らかになりつつある．中性子数と陽子数の比やその量子軌道を大きく変えることができることから，テンソル力，核力のアイソスピン依存性，3 体力など，核力の理解という点でも多くの知見を与えている．最近の計算機の急速な発達により可能となった原子核の第一原理計算（アブイニシオ計算）に対しても重要なベンチマークを与えている．さらには，不安定核は β 崩壊（弱い相互作用の代表的現象）をするため，弱い相互作用の性質を調べるのにも使われている．多様な原子核が手に入ることから，CP 対称性などの基礎物理のテストにも使われている．

　ところで，不安定核は人工的にしか作られない原子核なのであろうか．上でも触れたように，多くの不安定核は，超新星爆発や中性子星合体など，宇宙での高エネルギー天体現象で一時的に生成されたと考えられており，したがって，宇宙物理を理解するためにも非常に重要である．例えば，図 1.1 に示したよう

に，鉄より重い原子核生成プロセスの代表格として r プロセスがある．これは非常に中性子過剰となった原子核を経由して重い元素が生成される過程である． r プロセスに関わる不安定核の研究は，まだあまり進んでいないため謎が多い．実際，宇宙のどのようなところで r プロセスが起こったのかについても，超新星爆発の説と中性子星合体説の二説があり，まだ決着がついていない [1]．不安定核物理はこれを解決する重要な鍵を握るであろう．

宇宙には巨大な原子核とも言える高密度天体，中性子星がある．中性子間の核力だけでは原子核は束縛しないが，マクロ（巨視的）な数の中性子が重力で束縛することによって安定な天体を形成しているのが中性子星である．中性子星の性質を決定づけるのは，核物質（無限個の核子からなる物質）の**状態方程式**（圧力の密度依存性）である．しかし，中性子星のような中性子数が圧倒的に過剰な核物質の状態方程式はまだ確定しておらず，そのため中性子星の半径の計算には大きな不定性が残っている．一方，天体観測からは中性子星の質量は比較的よく決定できるが，半径は十分な精度で決めることができない．最近，これまでの常識では考えられないくらい重い，太陽の約 2 倍の質量をもつ中性子星が発見され，注目されている．理論的に求められていた多くの核物質の状態方程式では 2 倍の太陽質量を支えることができず，謎を生んだ．このような状況で，中性子数が過剰な核物質の状態方程式を求める手段として注目されているのが不安定核である．中性子数を人工的に増やした中性子過剰核の反応は，状態方程式を決める鍵の 1 つになると考えられている．

最近，不安定核は応用面でも重要性が増してきている．がんの早期発見で威力を発揮している PET(Positron Emission Tomography) は β^+ 崩壊をする不安定核を利用している．同様に，さまざまな種類の不安定核が，がんの診断に用いられている．さらに，化学の分析や，原子力発電所から出てくる長寿命の核のゴミの処理においても，不安定核やその関連技術が大きな役割を果たす可能性がある．

以上のように，不安定核の登場によって，核物理は大きく展開しようとしている．不安定核の物理は多岐にわたっていて，本書ではとうていすべてをカバーすることはできない．そこで，本書では，簡単な量子力学の知識の範囲で不安定核の物理がどのように理解されるのかに主眼をおきながら，不安定核研究の最近のハイライトを紹介することにする．

第 2 章以降の構成は以下の通りである．第 2 章は，「原子核の限界」と題し

て，原子核図表を眺めながら，原子核の安定性とは何か，どこまで原子核は中性子数を増やせるのか，陽子数を増やせるのか，原子核の限界はどこにあるのか，について考える．第 3 章では，「不安定核を作る」と題して，不安定核物理の発展に大きな意味をもった重イオンの核破砕反応と不安定核ビーム分離装置を中心に解説する．第 4 章以降で不安定核物理の最前線の研究を紹介する．第 4 章は，「中性子ハロー」と題し，非常に中性子過剰な原子核に現れるハロー核の発見とその性質にせまる．第 5 章は，「不安定核の殻進化 – 魔法数の消失と出現」と題し，魔法数が不安定核では変化していくこと，具体的な実験事実を眺めながら，これがどのようなメカニズムで起こるのかについて考える．第 6 章は，「中性子過剰核で探る中性子星」と題して，中性子星の物理と中性子スキンの物理，これをつなぐ架け橋となっている中性子過剰な核物質（核子無限系）の状態方程式を紹介する．最後に第 7 章で，「結び–不安定核物理の展望」として，不安定核の物理が今後どのように進展していくかを見る．なお，宇宙での元素合成過程とそれを探る不安定核の研究は重要であるが，その内容だけで本シリーズの 1 冊に相当する内容がある．今回は天体核反応に関する ^{15}C のクーロン分解実験（4.4.5 項）について簡単に触れるだけで，基本的に割愛することにした．

　各章はある程度独立しているので，興味のあるところから読んでもらってもかまわない．例えば第 6 章は，「中性子星核物理入門」とでもいうべき内容になっている．また，本書を全部通して読めば，現在進展中の不安定核物理の内容が概観できるように工夫したつもりである．

第2章 原子核の限界

本章では，原子核の限界，すなわち，中性子数が陽子数に対してどのくらいまで過剰になれるのか，あるいは陽子数が中性子数に対してどのくらいまで過剰になれるのか，さらには原子核はどこまで重くなれるのか，ということを考えてみたい．なお，この問いに対する完全な解答はいまだに得られていない．「原子核の限界」は現代核物理の重要なテーマの1つとなっているのである．

2.1 安定核と不安定核

安定核とは自然界に天然に存在する原子核のことである[1]．図2.1は核図表で，図1.1と同様，黒塗りの原子核が安定核である．下側にはHからF($Z = 9$)までの拡大図を示す．例えば酸素の安定核は^{16}O，^{17}O，^{18}Oの3種類である．なお原子核はこのように質量数Aを左肩に添えて^A(元素)と表す．「元素」はZ，すなわち陽子数（＝原子番号）を表していると思ってもよい．中性子数をNで表すと，$A = Z + N$である．なお，陽子数や中性子数を明示したいときは^A_Z(元素)$_N$と表記する．酸素18の場合$^{18}_{\ 8}$O$_{10}$である．

同じ陽子数をもち異なる中性子数をもつ核種を，**同位体**または**アイソトープ (Isotope)** と呼ぶ．^{16}O，^{17}O，^{18}Oは酸素の同位体である．安定核の同位体は**安定同位体**とも呼ばれる．一方同じ質量数をもつ核種どうしのことを同重体あるいは**アイソバー (Isobar)**，同じ中性子数をもつ核種どうしのことを同中性子体あるいは**アイソトーン (Isotone)** と呼ぶ．

ある安定同位体に中性子を付け加えたり，抜いたりすることを考えてみよう．そうすると短寿命の**不安定核**になる．不安定核は，放射性同位体 (Radioactive

---

[1] 安定核の大部分は無限大の半減期をもち崩壊しないとみなしてよいが，地球の寿命程度の半減期をもつものも安定核に含める（例，^{238}U）のが通例である．

第 2 章 原子核の限界

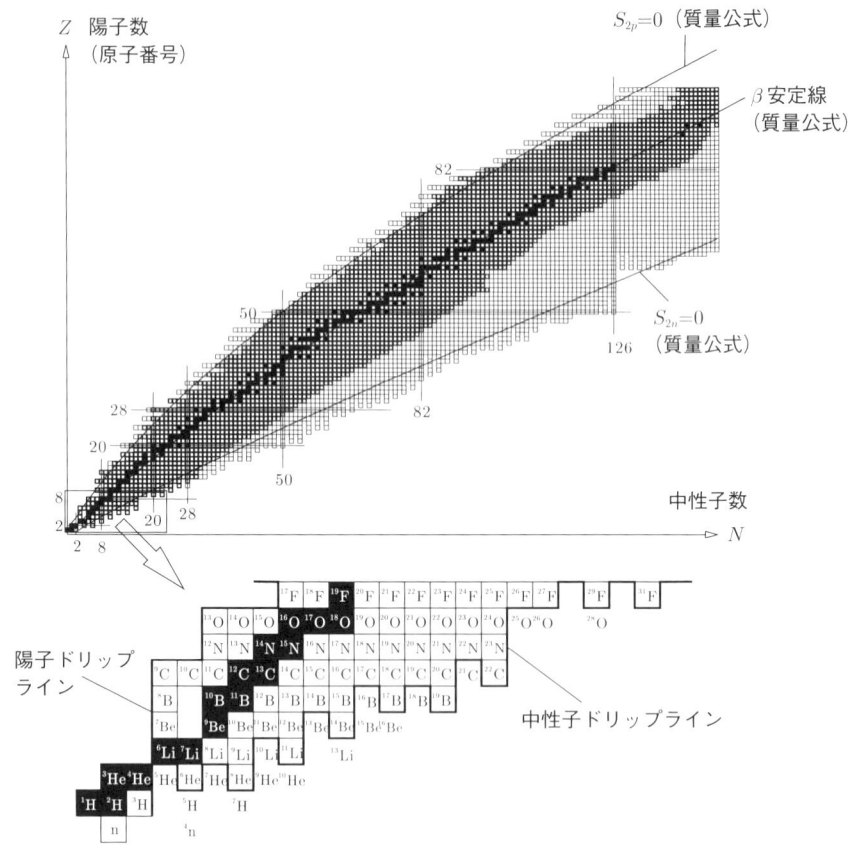

図 2.1 （上）原子核図表．図 1.1 と同様，安定核，同定済み不安定核，未知の不安定核を，それぞれ黒塗りの四角，太線の四角，細線の四角で示した．安定核に沿った実線は質量公式で導かれる β 安定線．$S_{2n}=0, S_{2p}=0$ で示した実線は質量公式によるドリップラインの予言値である．縦横に走る細い線は魔法数を表す．（下）H から F までの核図表の拡大図．太線は中性子ドリップライン（右側）と陽子ドリップライン（左側）．ドリップラインの外側にある非束縛核（^{25}O など，ドリップライン超核）については，共鳴準位が測定されているものや近々測定が期待されているもののうち，代表例を示した．

Isotope) または RI とも呼ばれ（図 2.1 の黒塗り**以外**の四角），短寿命でも「束縛した」原子核を指すのが通例である．すなわち，不安定核のほとんどは β 崩壊（弱い相互作用）によって崩壊するので有限の寿命（半減期が数ミリ秒から年以上）をもつが，強い相互作用による崩壊寿命（10^{-22} 秒のオーダー）と比

べると格段に長く，強い相互作用の束縛系としては無限大の寿命をもつとみなせる．酸素同位体の場合，^{13}O，^{14}O，^{15}O，^{19}O，^{20}O，^{21}O，^{22}O，^{23}O，^{24}O が酸素の不安定核である（図 2.1 の拡大図を参照）．

では，束縛した不安定核にさらに中性子を付け加えていくとどうなるのだろうか．例えば酸素で最も中性子過剰で束縛している ^{24}O に 1 個中性子を付けた ^{25}O はどうなるのか．これは束縛した原子核とはならず，瞬間的に作られることはあってもただちに強い相互作用で崩壊してしまう（寿命は 10^{-22} 秒程度）．この束縛境界を**ドリップライン**（ドリップ，drip，とは英語で「こぼれる」の意）と呼んでいる．中性子過剰側は中性子がこぼれるので中性子ドリップライン，陽子過剰側は陽子がこぼれるので陽子ドリップラインである．ドリップラインやドリップラインを超えた原子核（非束縛核，ドリップライン超核）については，原子核の質量を導入した後，詳しく見ることとしよう．

2.2 原子核の質量 – 原子核の安定性

ここでは，質量という観点で原子核の安定性を考えてみる．そのために，結合エネルギー B を定義し，**安定核とその周辺核の質量**をよく説明する経験的な式，ワイツゼッカー・ベーテの質量公式を導入する．これをもとに，原子核の中性子数（あるいは陽子数）には限界がある理由を考える．

2.2.1 結合エネルギーとその飽和性

アインシュタインが言ったように，静止した粒子の質量とエネルギーには $E = Mc^2$ の関係がある．つまり質量とエネルギーは等価のものである．このことを念頭に置いて，原子核の質量は（核子の質量の和）–（結合エネルギー）で書ける．すなわち原子番号 Z，質量数 A の原子核の質量 M は，

$$Mc^2 = (Zm_p + Nm_n)c^2 - B, \tag{2.1}$$

である．ここで，m_p, m_n はそれぞれ陽子，中性子の質量，B は結合エネルギーを表し，c は光速である．$m_p = 938.272$ MeV/c^2，$m_n = 939.565$ MeV/c^2 であり，電子の質量 $m_e = 0.511$ MeV/c^2 より 1800 倍程度も大きい．なお，$m_p \approx m_n$ であり，中性子，陽子の質量差は $m_n - m_p = 1.29$ MeV/c^2 と核の質量のわずか

0.14%しかない．実際，中性子と陽子は電荷の違いを除いてほぼ同じ物理的性質を示し，原子核では陽子と中性子の入れ替えに対する対称性（**荷電対称性**と呼ばれる）がよく成り立っている．

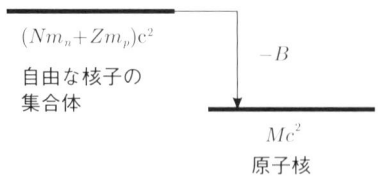

図 2.2 自由な Z 個の陽子，N 個の中性子の集合体の質量（左）と，これらが原子核として結合（束縛）したときの質量（右）の関係を示す．原子核は結合エネルギー B の分だけ軽くなり，安定した物理系となる．この B の中に原子核の物理の本質が隠されている．

式 (2.1) の関係は図 2.2 のように示される．このように，原子核とは，複数の核子の集合体が**相互作用**により結合エネルギー B の分だけ軽くなることによって安定化した系であると考えればよい．B は**原子核の安定性**を示す指標であり，かつ，核子間の相互作用を議論する際に鍵となる指標でもある．相互作用の大部分は強い相互作用の一種「**核力**」であり，残りは陽子間に働く電磁相互作用（クーロン反発力）である．

B を決めるもう 1 つの重要な要素は，原子核の有限量子多体系としての性質・構造である．**殻構造**もその 1 つで，陽子数や中性子数が魔法数になると原子核がより安定になる（B がより大きくなる）（図 2.1（上）の核図表を参照）．また，魔法数から離れた核子数をもつ原子核の多くは変形する（つまり変形した方が B が大でより安定）が，これも量子多体効果である．さらに不安定核の物理で重要な中性子ハローや中性子スキンといった特異な表面構造も，その構造をとることによって原子核がより安定化，すなわち B が大になっていると考えられる．

原子核は，おおざっぱには，平均場の中を動くフェルミ粒子でできた多体系（平均場的描像の原子核）とみなせる．殻構造やハロー構造，変形，対相関など，多体系が平均場的な描像を超える特殊な構造をとって，より安定化する現象を**多体相関**と呼んでいる．多体相関こそが原子核の面白さの 1 つであり，そこに核物理の本質が隠されている．

2.2 原子核の質量 – 原子核の安定性

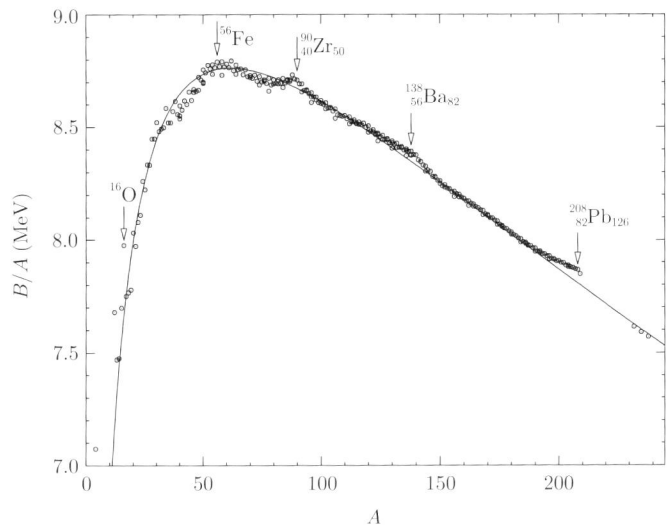

図 2.3 安定核の B/A を，質量数 A の関数としてプロットしたもの．実線はワイツゼッカー・ベーテの質量公式 (2.3) による線．核子あたりの結合エネルギーがほぼ 8 MeV であることが見てとれる（縦軸の範囲は 7-9 MeV）．魔法数をもつ原子核（閉殻核），${}^{16}_{8}O_8$, ${}^{90}_{40}Zr_{50}$, ${}^{138}_{56}Ba_{82}$（N が魔法数），${}^{208}_{82}Pb_{126}$ の B/A が，質量公式の予言に比べ，より安定になっていることが見てとれる．${}^{56}Fe$ 付近で B/A はピークになる．

原子核の質量は，式 (2.1) が表すように，B の強弱で表すことができる．図 2.3 には，**安定核について**，核子あたりの結合エネルギー (B/A) を質量数 A に対してプロットした．非常に軽い ${}^2H$（重陽子），${}^3He$，${}^6Li$，${}^7Li$，${}^9Be$，${}^{10}B$，${}^{11}B$ の 7 核種を除き，すべての安定核の B/A が 8 ± 1 MeV の範囲の中に収まっていることは驚くべきことである（図の縦軸を $7 \leq B/A \leq 9$ MeV の範囲としたことに注意）．つまり B/A はほぼ一定なのであり，これを結合エネルギーの飽和性と呼んでいる．原子核は，そもそも，これ以上核子を詰め込むことができないほど密度が飽和した状態にある．安定核では核子密度が原子核によらず，ほぼ $\rho_0 = 0.17$ 核子/fm³ である．結合エネルギーの飽和性は，この密度の飽和性と，核力が短距離力であることに起因する．

ただし，ほぼ一定とは言え，${}^{56}Fe$ 付近までは B/A は増加していく（核子あたり質量は軽くなる）のに対し，さらに A が大きくなると B/A は徐々に減少する（核子あたり質量は重くなる）．重い恒星の一生を見ると，水素などの軽い

原子核が融合反応を起こし ^{4}He, ^{12}C(= $3\,^4$He)... と徐々に重い原子核を合成するようになっていくが, 最終的に ^{56}Fe 付近に行き着いて, 超新星爆発に至る. 核融合反応が最終的に ^{56}Fe に行き着くのは B/A の極大が ^{56}Fe 付近であるからに他ならない.

それより重い原子核では主として, 陽子間の**クーロン反発力**によって不安定になり B/A が小さくなる. そうすると, 核分裂して 2 つの原子核に分かれ, 質量を軽くする方がより安定になるので, 自然も核分裂の方向を好む. 核分裂する方が小さい質量 (エネルギー) で済むという意味で, エネルギー的に「お得」なのである. 実際には核分裂障壁が存在するため, ある程度の質量までは核分裂をしないが, $Z > 100$ の超重元素の領域に来ると核分裂しやすくなる.

原子核はどこまで大きくなれるのか, 重くなれるのか, というのは,「原子核の限界」に関するもう 1 つの根源的な問いである. 観測された中で最も重い原子核として報告されているのは, $Z = 118$, $N = 176$ の超重元素 (核) である [2]. なお, 理研では $Z = 113$ の超重元素が森田らにより発見されている [3][2)]. 「原子核はどこまで重くなれるのか」, は非常に重要な核物理の問題であるが, 超重元素の物理は本書のカバーする範囲を超えるので, これ以上の議論は割愛する.

なお, 図に示した**安定核**の B/A の値は次節で述べる質量公式の線 (実線) とよく一致していることがわかる. 一方, 実線と比べて B/A がやや大きくなり, より安定になっている箇所が見られるが, これは魔法数をもつ核 (閉殻核) に相当する. つまり殻効果である.

2.2.2　原子核の質量公式

原子核は**液滴 (Liquid drop)** のような性質をもっている. 日常生活で遭遇する液滴は, **球形の液体**で表面をもち, これ以上, 水分子を詰め込むことができない**密度が飽和**した状態にある. 液滴模型は, ラザフォードらによる原子核の発見の後に最初にできた原子核の模型である. 上で述べたように, 原子核も密度が飽和した状態になっている.

原子核 (安定核とその周辺核) の質量 (Mc^2) は, この液滴模型をもとにし

[2)] 国際純正応用化学連合 (IUPAC) は, 2015 年 12 月, $Z = 113$ 元素の命名権を森田ら日本の理研グループに, $Z = 115, 117, 118$ の命名権をロシア・アメリカの連合グループに与えることを決定した.

た，以下のワイツゼッカー・ベーテによる質量公式（以降では単に質量公式と呼ぶ）でよく表せることが知られている．すなわち，

$$Mc^2 = (Zm_p + Nm_n)c^2 - B \tag{2.2}$$

$$= (Zm_p + Nm_n)c^2$$
$$-a_v A + a_s A^{2/3} + a_{sym}\frac{(N-Z)^2}{A} + a_c \frac{Z^2}{A^{1/3}}$$
$$+\delta(N, Z). \tag{2.3}$$

ここで，$-B$ 部分の第一項の体積項 ($-a_v A$) と，第二項の表面項 ($+a_s A^{2/3}$) は液滴模型によって説明でき，質量の主要部分を担っている．一方，第三項は対称項と呼ばれ，$N = Z$ のときに原子核がより安定になることを表す項である．この項は**液滴模型では説明できず**，量子力学的な説明が必要になる．原子核はどうして $N = Z$ を好むのか，という問いに関しては，2.3 節，2.4 節で考えることにする．第四項はクーロン反発力を表す項（クーロン項）である．原子核の半径を R とすると，Z^2/R に比例するが $R = r_0 A^{1/3}$ なので，このようになる．

最後の項は対相互作用を表す項である．原子核では核子と核子の間に働く 2 体の残留相互作用が重要な役割を果たす．残留相互作用は殻模型を始め，原子核の多彩な性質を決める重要な要因となるが，対相互作用は代表的な残留相互作用で (4.2.2 項参照) で，同種核子の角運動量の向きが互いに逆向きのとき，引力が強くなる効果である．超伝導物質のクーパー対に対応する．核子数の偶奇に従って，

$$\delta(N, Z) = \begin{cases} +\Delta & （奇奇核，N, Z \text{ ともに奇数}） \\ 0 & （奇核，N, Z \text{ のどちらか 1 つが奇数}） \\ -\Delta & （偶偶核，N, Z \text{ ともに偶数}）. \end{cases} \tag{2.4}$$

と表せる．

2.2.3 β 安定性で見る安定核と不安定核

A を固定した同重核（アイソバー）に対して，Z, N を動かしたときの質量を見てみよう．つまり，陽子を中性子に 1 個ずつ置き換えて中性子過剰にするとどうなるか，逆の操作で陽子過剰にすると質量はどうなるか，を質量公式を用いて調べてみる．(N, Z) を変えたときの振る舞いは，対称項で大部分が決定さ

れ，重い方ではクーロン項の反発力もやや効いてくる．対称項だけで考えると，質量は $N=Z$ のときを極小値とする放物線となる．他の項も取り入れると，固定された A に対して極小をとるときの $Z=Z_\beta$ を求めるには，式 (2.3) に対して $\partial M/\partial Z = 0$ とするとよい．簡単のため対相互作用を無視すると，

$$Z_\beta = \frac{A}{2+\frac{a_c}{2a_{sym}}A^{2/3}} = \frac{A}{2+0.015A^{2/3}}, \tag{2.5}$$

となる．この (Z_β, A) の線が安定核となるはずである．図 2.1（上）に示したようにこの式の線は実際の安定核の位置に完全に一致する．

Z_β から離れたアイソバーは β 崩壊によって Z_β の原子核（安定核）に向かうことになる．すなわち $Z \neq Z_\beta$ の核が不安定核である．$Z < Z_\beta$ の核が中性子過剰核で，逆に $Z > Z_\beta$ の核が陽子過剰核である．式 (2.5) で示される線は β 安定線と呼ばれる．

具体例で見てみよう．質量数 $A=31$ のアイソバーについて質量の実験値をプロットしたのが図 2.4 である．^{31}P の質量が最も軽く，これが安定核となる．他の核は不安定核で，例えば中性子過剰核 ^{31}Na は β 崩壊をして ^{31}Mg になる．

$$^{31}\text{Na} \to {^{31}\text{Mg}} + e^- + \bar{\nu}_e. \tag{2.6}$$

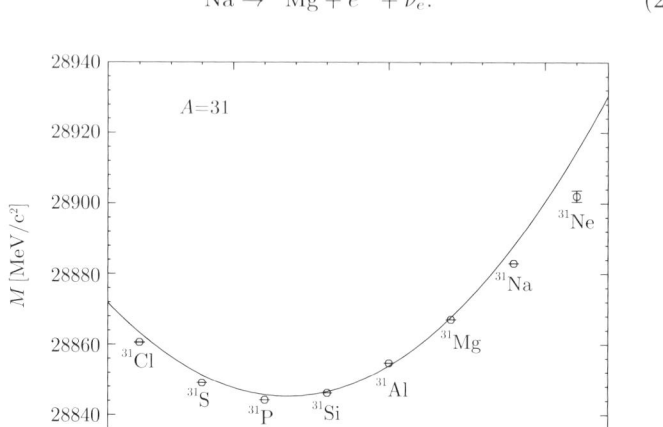

図 **2.4** 質量数 $A=31$ のアイソバー（同重核）の質量を中性子過剰度 $N-Z$ についてプロットしたもの [4]．実線は式 (2.3) のワイツゼッカー・ベーテの質量公式の結果．

$\bar{\nu}_e$ は反電子ニュートリノである．一方，陽子過剰核 ^{31}Cl は β^+ 崩壊をして ^{31}S になる．

$$^{31}\mathrm{Cl} \to {}^{31}\mathrm{S} + e^+ + \nu_e. \tag{2.7}$$

e^+ は陽電子で，β^+ 崩壊の素過程は $p \to n + e^+ + \nu_e$ である．この過程はまた，電子捕獲とも競合する．

さて，図 2.4 の実線は質量公式の予言値を表す．このように，質量の実験値をほぼ再現していて，安定核とその周辺核では特によく合っている．しかし，興味深いのは，^{31}Na や ^{31}Ne では，実際の原子核の質量の方が質量公式の予言値より軽い，つまり，より安定であることである．これは，第 5 章で示すように，殻構造が破れて強く変形しており，その量子多体効果のためより安定化しているためであると考えられる．

2.2.4 ドリップライン

2.1 節で見た酸素同位体 ^{25}O の例のように，中性子数が極端に過剰になると，中性子崩壊に対して不安定になる．「強い相互作用」の崩壊に対して不安定なので核子多体系として束縛しない．このような原子核を**非束縛核**（ドリップライン超核）と呼んでいる．非束縛核のほとんどは核周期の 10^{-22} 秒程度の寿命で瞬時に崩壊する．

2.1 節で触れたように，原子核図表上で束縛核と非束縛核の境界線を**ドリップライン**と呼び，中性子過剰核側のドリップラインを中性子ドリップライン，陽子過剰核側は陽子ドリップラインと呼ぶのであった（図 2.1（下）参照）．このドリップラインは結合エネルギー B が $B > 0$ から $B < 0$ に変化するところであると誤解されやすいが，実は非束縛核であっても，よほどドリップラインから離れない限り $B > 0$ となっている．$B < 0$ となるには，原子核がすべての核子にバラバラに崩壊するほど不安定になる必要がある．一方，非束縛核の条件は，1 個ないし 2 個の核子の自然放出が可能な質量であれば十分である．つまり，ドリップラインの内側（束縛核）か外側（非束縛核）かを見分けるには，中性子過剰側の場合，1 個の中性子を分離するために必要なエネルギー（1 中性子分離エネルギー S_n）や 2 個の中性子を分離するために必要なエネルギー（2 中性子分離エネルギー S_{2n}）が指標となる．非束縛の定義は，$S_n < 0$ または

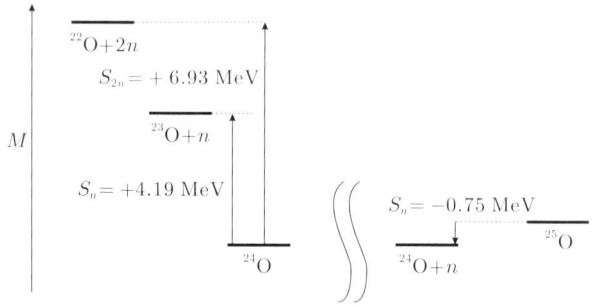

図 2.5 S_n, S_{2n} によって束縛核か非束縛核かが判別できる．左の例は ^{24}O で，S_n, S_{2n} ともに正であり，^{24}O は ^{23}O+n にも ^{22}O+2n にも崩壊できず，束縛核であることがわかる．一方 ^{25}O は，S_n が負で ^{24}O+n の方が軽いため，強い相互作用でただちに ^{25}O→^{24}O+n と崩壊する非束縛核とわかる．

$S_{2n} < 0$ となることである[3]．なお，陽子過剰核では 1 陽子分離エネルギー S_p や 2 陽子分離エネルギー S_{2p} が同様の指標となる．

S_n, S_{2n} は結合エネルギー B を用いて，

$$S_n = B(Z, N) - B(Z, N-1), \tag{2.8}$$

$$S_{2n} = B(Z, N) - B(Z, N-2), \tag{2.9}$$

と結合エネルギー B の N に対する差分で書ける．安定核やその周辺核では B/A はほぼ一定で 8 MeV であり，したがって $S_n \approx 8$ MeV であるが，不安定核ではこれが大きく変わる．

実際に酸素同位体を例にとって束縛するかどうかを見てみよう．図 2.5 に示すように，^{24}O については，$S_n = 4.19 \pm 0.14$ MeV, $S_{2n} = 6.93 \pm 0.12$ MeV で，**束縛**した中性子過剰核として中性子ドリップラインより内側に位置する．一方，^{25}O は，$S_n = -0.749 \pm 0.010$ MeV で非束縛核となり中性子ドリップラインの外側に位置するいわゆる**ドリップライン超核**となる．つまり ^{25}O は，強い相互作用によりたちどころに ^{24}O+n へと崩壊する．ドリップライン超核が共鳴準位として観測されれば，ドリップラインの外側を探る有力な手段となる．

図 2.1（下）には ^{25}O の他，最近測定されたり，興味がもたれている非束縛核（ドリップライン超核）を記した．^{28}O は，二重閉殻核[4]の候補，中性子数

---

[3] S_n と S_{2n} の両方を見る必要があるのは，対相互作用のために偶数の核子の方が安定になるためである．
[4] 陽子数，中性子数とも魔法数の核を，二重閉殻核または二重魔法数核と呼ぶ．

が極めて過剰な核 ($N/Z = 2.5$)，ドリップライン超核という 3 つの意味で特異な原子核である．その測定は，中性子過剰な物質に働く核力や多体効果を理解するうえで重要である．同様に ^{4}n（テトラ中性子）や ^{7}H（水素 7，陽子 1 個と中性子 6 個でできた $N/Z=6$）の核などは，特に興味がもたれている．

ドリップライン近傍では，中性子分離エネルギーが数 100 keV 未満と極めて小さくなることがあり，これが第 4 章で述べる中性子ハローなどの特異構造の出現に大きく関係する．また，図 2.1 を見ると，ドリップライン付近では例えば ^{9}Li は束縛し，^{11}Li も束縛するが，その間の ^{10}Li が束縛しない，という一見不思議な状況も存在する．これもハローの物理と関連している．

ここで，質量公式で予言されるドリップラインを見ておこう．図 2.1（上）の $S_{2n} = 0$，$S_{2p} = 0$ を示す実線は，それぞれ，質量公式の予言する中性子ドリップライン，陽子ドリップラインである．陽子ドリップラインについては実験でかなり重い方までわかっているが，中性子ドリップラインは ^{24}O までしか確認されていない．一方，図 2.1 に示された実験的には未知の不安定核（薄い四角）は，微視的な平均場理論による質量 [5] に基づく束縛核で，質量公式の予言より現実に近いと考えられる．いずれにせよ，式 (2.3) で表した単純な質量公式では，非常に中性子過剰な原子核，陽子過剰な原子核についてはまったく予言できないことが見てとれる．質量公式は，安定核とその周辺核について大局的に質量を説明できたが，殻効果，変形，その他の量子多体効果は取り入れられていない．逆に言うと，現実の質量と質量公式との差には物理の本質が隠されており，この差が特に顕著に見えるドリップライン近傍の原子核こそが，核の多体効果の研究で重要である．

2.3　原子核はどうして $N = Z$ を好むのか – フェルミガス模型

どこまで中性子過剰になれるのか，陽子過剰になれるのか，という問いは，原子核はどうして $N = Z$ で安定となるのか，という問いの裏返しでもある．図 2.4 は，$N = Z$ でより安定となることを視覚化したもので，下に凸の放物線は質量公式の対称項そのものである．そこで質量公式の対称項を微視的に見てみよう．

全エネルギー E は運動エネルギー T とポテンシャルエネルギー V の和，

$$E = T + V, \tag{2.10}$$

である．原子核に限らず，天体のようなマクロな系から素粒子に至るまで，孤立した物理系のエネルギーはこのように表せ，E は保存する．原子核の質量を考える際にも，T と V に分けて考えるとわかりやすい．

ここでは式 (2.3) で表された質量公式の対称項の T 成分について，フェルミガス模型で考える．そのため，まずフェルミガス模型を原子核の模型として導入し，対称項の説明を試みる．さらに，ポテンシャルエネルギー V の部分，すなわち核力の観点から $N = Z$ で安定化する仕組みを考えてみたい．

2.3.1 原子核のフェルミガス模型

フェルミガス模型とは，**相互作用をしない ($V = 0$) 多数の自由なフェルミ粒子**が，ある体積 V に閉じ込められた状態を記述する量子多体系モデルである．

短距離力の核力で束縛している原子核中の核子が，**自由に動き回ることができる**，というのは一見すると不思議である．実際，核物理の研究の黎明期には，フェルミガス模型のような原子核の描像はありえないと考えられていた．ところが，現実の核子の平均自由行程（核子が他の核子と散乱するまでの距離）は原子核の大きさを超えていて，自由に動き回れるとする模型がよいということがわかった．ではどうして，平均自由行程が長くなるのだろうか．これは，原子核を，その中の核子がフェルミ球の中に詰まった状態であると考えればよく理解できる．つまり，核子が別の核子と散乱して異なる運動量状態に移行しようとすると，行先の運動量の状態はすでに第三の核子に占有されていて散乱できないのである．これはフェルミ粒子のパウリ閉塞効果と呼ばれる．

では，フェルミガス模型で原子核を記述してみよう．フェルミガス模型は運動量空間で考える模型であり，通常は運動量空間と等価な $\boldsymbol{k} = \boldsymbol{P}/\hbar$ で表される波数ベクトル空間を用いる[5]．体積 V（=原子核の体積）の中に詰まった核子は，$\boldsymbol{k}$ 空間では半径 k_F（フェルミ運動量）の球（フェルミ球）の中で，$(2\pi)^3/V$ という小箱ごとに 2 個ずつ詰まっているものとみなせる．「2 個」というのは上向きスピンと下向きスピンの自由度に対応する．

このような考えのもと，状態数 n を数えると，

---

[5] 物理学でしばしば $\hbar = c = 1$（自然単位系）を用いることからもわかるように，実質的に運動量ベクトルそのものである．このとき $\boldsymbol{k} = \boldsymbol{P}$．

2.3 原子核はどうして $N = Z$ を好むのか – フェルミガス模型

$$n = 2\frac{V}{(2\pi)^3}\int d\boldsymbol{k} = 2\frac{V}{(2\pi)^3}\int_0^{k_F} 4\pi k^2 dk = \frac{Vk_F^3}{3\pi^2}, \tag{2.11}$$

である．ここで n は核子数に対応し，$n = N$（中性子数）ないし $n = Z$（陽子数）である．これよりフェルミ運動量 k_F は

$$k_F = \left(3\pi^2\rho\right)^{1/3}, \tag{2.12}$$

となる．ここで $\rho = n/V$ である．

この式は，フェルミ運動量は，密度が高ければ高いほど，その **1/3 乗に比例して大きくなる**ことを示しており，ハイゼンベルクの不確定性関係を反映しているとも言える．つまり，小さい空間に核子を詰め込もうとすると，核子の運動量の不確定性が大きくなる，すなわち運動量が高くなるということである．

フェルミエネルギーはフェルミ運動量に対応するエネルギー（運動エネルギーの最大値）として定義され，

$$\epsilon_F = \frac{\hbar^2}{2m}\left(3\pi^2\rho\right)^{2/3}, \tag{2.13}$$

である．ここで核子の質量を m とした．

$N = Z$ の場合について具体的にフェルミ運動量 P_F の値を求めてみよう．

$$P_F = \hbar\left(3\pi^2\frac{A}{2V}\right)^{1/3}, \tag{2.14}$$

となる．これに $A/V = \rho_0 = 0.17/\text{fm}^3$（核子数密度）を入れると，$P_F = 270$ MeV/c が得られる．一方，フェルミエネルギー $\epsilon_F = P_F^2/(2m) \sim 40$ MeV が導かれ，原子核内の運動エネルギーの平均値 $\langle T \rangle$ は，

$$\langle T \rangle = \frac{\int_0^{K_F}(\hbar k)^2/(2m)\cdot 4\pi k^2 dk}{\int_0^{K_F} 4\pi k^2 dk} = \frac{3}{5}\epsilon_F \sim 24 \text{ MeV}, \tag{2.15}$$

となる．これは核子が原子核内で平均的に光速の 20% にも相当する速度でほぼ自由に動き回っていることを示している．

2.3.2 フェルミガス模型による対称エネルギーの導出

ここでは，実際にフェルミガス模型を使って対称エネルギー項の説明を試み

る．フェルミガス模型の重要な帰結は，中性子および陽子の密度が上がると，運動量も増加，つまり運動エネルギーが増加するということであった．原子核は核子が有限の空間に閉じ込められた状態と捉えることができるので，中性子数と陽子数にアンバランスが生じると，どちらかの核子の密度は増加し，もう一方の核子の密度は減少することになる．つまり，中性子過剰になると中性子の運動エネルギーは増加し，陽子の運動エネルギーは減少する．では正味どうなるのだろうか，という問題に帰着される．

A を固定して (N,Z) を動かして考える．中性子のフェルミエネルギー $\epsilon_F^{(n)}$，陽子のフェルミエネルギー $\epsilon_F^{(p)}$ は，$N=Z$ のときのフェルミエネルギー ϵ_F を用いて，

$$\epsilon_F^{(n)} = \frac{\hbar^2}{2m}\left(3\pi^2\frac{N}{V}\right)^{2/3} = \left(\frac{2N}{A}\right)^{2/3}\epsilon_F, \tag{2.16}$$

$$\epsilon_F^{(p)} = \frac{\hbar^2}{2m}\left(3\pi^2\frac{Z}{V}\right)^{2/3} = \left(\frac{2Z}{A}\right)^{2/3}\epsilon_F. \tag{2.17}$$

したがって，核子の全運動エネルギー $T(N,Z)$ は，

$$\begin{aligned}T(N,Z) &= N\langle T^{(n)}\rangle + Z\langle T^{(p)}\rangle \\ &= \frac{3}{5}\epsilon_F A^{2/3}\left[\left(\frac{N}{A}\right)^{5/3} + \left(\frac{Z}{A}\right)^{5/3}\right] \\ &= \frac{3}{10}\epsilon_F A\left[(1+\delta)^{5/3} + (1-\delta)^{5/3}\right]. \end{aligned}\tag{2.18}$$

ここで，$\delta = (N-Z)/A$ とおき，$N/A = (1+\delta)/2$，$Z/A = (1-\delta)/2$ を用いた．

対称エネルギー項 E_sym は，$N=Z$ のときの運動エネルギー $T(N=A/2, Z=A/2)$ を基準としたときのエネルギーと考える．式 (2.18) を用い，δ の 2 次までとると，

$$\begin{aligned}E_\mathrm{sym} &= T(N,Z) - T(N=A/2, Z=A/2), \\ &= \frac{\epsilon_F}{3}\frac{(N-Z)^2}{A},\end{aligned}\tag{2.19}$$

であり，確かに，対称エネルギー項が自然に導かれた．つまり運動エネルギーの総和は $Z=N$ のときに極小となるような放物線になるのである．

この結果を定性的に考えてみよう．多数の中性子 (n) と陽子 (p) を同じ体積

に押し込めることにする．A を一定に保って p を n に置き換えていくと，中性子密度は高くなり，中性子のフェルミエネルギーは大きくなる．陽子は逆に密度を下げるのでフェルミエネルギーは小さくなる．このとき，運動エネルギーの総和は正味増えるということである．

中性子は運動エネルギーを上げるので圧力が高くなり，同じ体積に押し込められている方がエネルギー的にお得（エネルギーが小さい）かどうかは，もはや自明ではなくなる．実際に中性子過剰核で中性子分布が陽子分布よりも半径を広げる現象こそが中性子スキンである．これについては，第6章で紹介する．

ところで，フェルミガス模型で得られた対称項の比例係数は $\epsilon_F/3 \simeq 13$ MeV であり，実験値 a_{sym}=23.3 MeV より 10 MeV も小さい．この残りはポテンシャルエネルギー (V) のはずである．次にこれを見ていこう．

2.4 原子核はどうして $N = Z$ を好むのか – 核力

フェルミガス模型では，運動エネルギーの観点から，$N = Z$ が最も安定であることが示された．しかし，質量公式の対称項の半分程度しか説明できていない．では残りのポテンシャルエネルギー，つまり核力という観点ではどうだろうか．この節では核力が $N = Z$ を好むかという点について見ていくことにする．

2.4.1 2核子系

核力の大部分は核子と核子の間に働く**2体力**なので，核力を考えるうえでの基本は2核子系，つまり，nn 系，pp 系，np 系 である．これらの2核子系の中で，束縛し，しかも安定核として存在しているのは，唯一**重陽子** (d, deuteron) である．この事実からして，すでに np 間には nn 間，pp 間よりも強い引力が働いていることが推察される．

さて，中性子と陽子には質量差がほとんどなく，電荷の有無を除いて性質は変わらないのであった．実際，核力は中性子と陽子の入れ替えに関して不変で，nn 間，pp 間の相互作用は電磁気的な力を除いて等しいとみなせる（荷電対称性）．そこで中性子と陽子は**同種粒子の異なる状態**とみなし，この対称性を陽に取り入れて議論することが有用となる．すなわち，スピン S のアナロジーでア

イソスピン T という量を導入し，中性子と陽子は，単にアイソスピンの向きが異なる 2 つの状態とするわけである．アイソスピンは角運動量やスピンのように大きさ T と，その z 成分 T_z でラベルされる．陽子は $(T, T_z) = (1/2, -1/2)$，中性子は $(T, T_z) = (1/2, 1/2)$ とすればよい[6]．

では，2 核子系のアイソスピンはどうなるであろうか．まず 2 核子系の全波動関数を

$$\Psi(1,2) = \phi(\boldsymbol{r})\chi(1,2)v(1,2), \tag{2.20}$$

とおく．$\phi(\boldsymbol{r})$ は通常の空間（軌道部分）の波動関数で $\boldsymbol{r}$ は 2 核子間の相対座標である．$\chi(1,2)$ はスピン空間の波動関数，$v(1,2)$ はアイソスピン空間の波動関数を表すことにしよう．さらに，空間とスピン空間の波動関数をまとめて

$$\psi_\pm(1,2) \equiv \phi(\boldsymbol{r})\chi(1,2), \tag{2.21}$$

としておく．ψ の下付き添え字の $\pm$ は，この波動関数が 1, 2 の交換に関して対称 (+) か，反対称 (−) かを表す．このような対称性を考慮しながら 2 核子系を調べると，表 2.1 に示すように，$T = 1, T_z = 1, 0, -1$ のアイソスピン三重項と，$T = 0, T_z = 0$ のアイソスピン一重項の計 4 つの状態に分類できることがわかる．

表 **2.1** 2 核子系をアイソスピン (T, T_z) で分類したもの．それぞれが S, L, J の特定の量子数と結びつく．

	アイソスピン空間	(T, T_z)	スピン・軌道部分	$^{(2S+1)}L_J$
nn	$v_n(1)v_n(2)$	$(1,1)$		
np	$[v_n(1)v_p(2) + v_p(1)v_n(2)]/\sqrt{2}$	$(1,0)$	$\psi_-(1,2)$ (反対称)	$^1S_0$
pp	$v_p(1)v_p(2)$	$(1,-1)$		
np	$[v_n(1)v_p(2) - v_p(1)v_n(2)]/\sqrt{2}$	$(0,0)$	$\psi_+(1,2)$ (対称)	$^3S_1 + {}^3D_1$

アイソスピンを導入すると 2 核子系は同種フェルミオン系となるので，核子 1 と核子 2 の入れ替えに対して全体で反対称でなければならない．したがってアイソスピン部分が対称であれば空間・スピン空間部分は反対称，逆にアイソスピン部分が反対称であれば空間・スピン空間部分は対称になる．

4 つの状態をもう少し詳しく見てみよう．アイソスピン空間が対称で，空間・

---
[6] T_z の向きの定義は任意であり，陽子を $T_z = 1/2$，中性子を $T_z = -1/2$ としても下記の議論は変わらない．

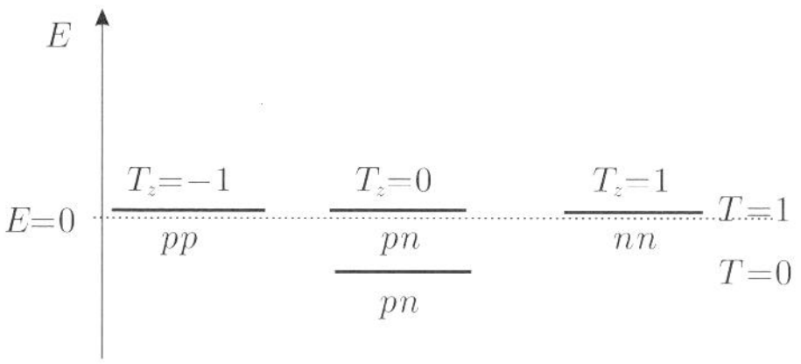

2.4 原子核はどうして $N=Z$ を好むのか – 核力

図 2.6 2核子系のエネルギー準位をアイソスピン (T, T_z) で分類したもの．pp 系のクーロン相互作用は無視している．$(T, T_z) = (0, 0)$ の状態は**重陽子**でこれが2核子系唯一の束縛状態である $(E = -2.225\,\mathrm{MeV} < 0)$．一方，$T = 1$ の状態はすべて非束縛状態 $(E > 0)$ で，荷電対称性のためクーロン相互作用を除いてエネルギーは同じとなる．

スピン空間が反対称 になるのは，$T = 1$ の3つの状態（アイソスピン三重項）であるが，これは同種核種系の nn，pp，およびアイソスピン空間で対称な pn 系である．図 2.6 に示すように，これらの状態は，クーロン力を無視すると縮退していて，すべて非束縛状態 $(E > 0)$ である．最低準位は，2核子の軌道部分の波動関数の重なりが最大になる角運動量 $L = 0$ の状態（S 状態）でパリティは $(-)^L$ なので $+$，空間部分は対称となる．したがって，スピン空間部分は反対称でなければならず，2つの核子の固有スピンは反対向きになって $S = 0$ となる．$S = 0$ 状態は $S_z = 0$ でスピン空間における多重度が1なので，スピン一重項と呼ばれる．全角運動量（核スピン）J は，$J = L + S = 0$，2核子系の状態を $^{2S+1}L_J$ で表すと，この状態は $^1S_0$ と書かれる（表 2.1 の一番右の列）．

一方，$(T, T_z) = (0, 0)$ の状態（アイソスピン一重項）は，**アイソスピン空間が反対称**，空間・スピン空間が対称の場合に相当する．これはアイソスピン空間で反対称な pn 系であり，図 2.6 に示すように，これが2核子系で唯一束縛する $(E = -2.225\,\mathrm{MeV})$ 重陽子に他ならない．最低準位 $L = 0$ （S 状態）はパリティが $+$ であるため，スピン空間部分も対称でなければならない．つまり，$S = 1$ となり中性子と陽子の固有スピンは同じ向きになる．$S = 1$ 状態は $S_z = 1, 0, -1$ と多重度が3なので，スピン三重項と呼ばれる．このとき $J = L + S = 1$ であり $^3S_1$ と表される．ここで，J とパリティーは良い量子数であり，$J = 1$ でパリティーが $+$ となる $L = 2$（D 状態），$S = 1$ も混合しうる．すなわち重陽子の基底状態は $T = 0$ で $^3S_1 + {}^3D_1$ の状態として表される．なお，どの2核子系についても $(-)^{L+S+T} = -1$ が成立していることがわかるが，これは2核子フェ

ルミオン系がパウリ原理を充たしていることを示している．

2.4.2 中心力とテンソル力

図 2.6 のように，$T=0, S=1$ の状態（重陽子）の方が $T=1, S=0$ の状態よりもエネルギーが低く，束縛状態になるが，この違いを生む最も大きな原因は，ここで紹介するテンソル力の存在であると考えられている．これを見てみよう．

2 核子間の核力のポテンシャル $V(1,2)$ の主要な成分は，2 核子間の距離 r だけの関数で書ける中心力ポテンシャル，$V_c(r)$，と，スピンの向きと相対ベクトルの向きに依存する**非中心力**ポテンシャルの一種，テンソル力ポテンシャル ($S_{12}V_T(r)$) である．ここで，S_{12} はテンソル演算子で，

$$S_{12} = 3\left(\boldsymbol{\sigma}_1 \cdot \hat{\boldsymbol{r}}\right)\left(\boldsymbol{\sigma}_2 \cdot \hat{\boldsymbol{r}}\right) - \boldsymbol{\sigma}_1 \cdot \boldsymbol{\sigma}_2, \tag{2.22}$$

$\hat{\boldsymbol{r}} = \boldsymbol{r}/r$ であり，$\boldsymbol{\sigma}$ はパウリのスピン行列である．

ここでは簡単のため他の核力の成分（LS 力など）を無視し，2 核子間のポテンシャルが $V_c(r)$ と $V_T(r)$ の項だけで書けるとすると，$V(1,2)$ は

$$V(1,2) = \begin{cases} {}^1V_c(r) & (S=0, T=1), \\ {}^3V_c(r) + S_{12}V_T(r) & (S=1, T=0), \end{cases} \tag{2.23}$$

となる．V_c の左肩の添え字は $2S+1$ で，スピン一重項とスピン三重項とを区別している．$S=0$ の場合には，式 (2.22) において $\boldsymbol{\sigma}_1 = -\boldsymbol{\sigma}_2$ を代入して，

$$S_{12} = -(3/r^2)(\boldsymbol{\sigma}_1 \cdot \boldsymbol{r})^2 + (\boldsymbol{\sigma}_1)^2 = \boldsymbol{0}, \tag{2.24}$$

となり，テンソル力は働かないことがわかるので，式 (2.23)（上）では最初からテンソル力の項を省いてある．

一方，$S=1$（重陽子）に対しては，pn 間にテンソル力が働く．この場合，

$$S_{12}V_T(r) = (3\cos^2\theta - 1)V_T(r), \tag{2.25}$$

となる．この θ は，陽子，中性子のスピンの向きを z 軸にとると ($\boldsymbol{\sigma}_1 = \boldsymbol{\sigma}_2 = \hat{\boldsymbol{z}}$)，2 核子の相対座標 $\boldsymbol{r}$ の向きと z 軸のなす角となる（図 2.7）．$V_T(r)$ は負なので，

2.4 原子核はどうして $N = Z$ を好むのか – 核力

テンソル力 $\propto -(3\cos^2\theta - 1)$

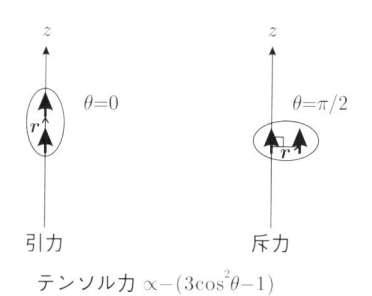

図 **2.7** 重陽子のように陽子と中性子が同じ向きのスピンをもつと，テンソル力を生じる．テンソル力は相対座標 r とスピンの向き σ_1, σ_2 の方向に依存する非中心力である．その力の大きさは σ と r のなす角 θ に依存する．

$\theta = 0$ のとき最大の引力になり，$\theta = \pi/2$ のとき最大の斥力になる．

これはちょうど NS 極をもった棒磁石になぞらえられる．図 2.7 で，スピンを表す矢印の根本を S 極，矢印の先を N 極と見たてると，左図のように棒磁石が縦列で並んでいるときには引きあうが，右図のように並列に並んでいるときには反発しあう．

ただし，$S = 1$ というだけではテンソル力は生じない．仮に重陽子が $L = 0$ (S 状態) のみだったすると，$\langle 3\cos^2\theta - 1 \rangle = 0$ となり，重陽子でもテンソル力はなくなってしまう．実は，重陽子の状態が $S = 1$ で，かつ $J = 1$ であることが重要である．このとき，$\boldsymbol{J} = \boldsymbol{L} + \boldsymbol{S}$ なので，S 状態と D 状態が混合でき，テンソル力の期待値が有限の値をもつのである．実際に電気四重極モーメントの観測から重陽子に D 状態が混じっていることが知られている．すなわち，重陽子 d の波動関数 $|\Psi_d\rangle$ は

$$|\Psi_d\rangle = |^3S_1\rangle + \alpha_D |^3D_1\rangle, \tag{2.26}$$

と書け，D 状態の混じりは $|\alpha_D|^2 \approx 4\%$ であることがわかっている．このとき，$\langle ^3D_1|S_{12}|^3S_1\rangle$ は有限の値をもつ．詳しい計算から，重陽子のポテンシャルエネルギー（引力）の大半がテンソル力によるものと考えられている．テンソル力は $\hat{r}$ という 2 つの核子の間の位置ベクトルとスピンの向きに依存する非中心力であり，中心力のように核子間距離の単純な関数にはならない．テンソル力が強いことが**核力**の特徴の 1 つであると言える．以上より，$T = 0$ の pn の方が $T = 1$ の nn や pp より引力が強く，核力という観点でも，核内で pn 対をなる

べく増やそうとして $N = Z$ が安定する，ということがわかった．

ところで，2核子系で重陽子だけが結合エネルギー 2.2 MeV 程度で束縛でき，2中性子系は非束縛であるというのは，宇宙の物質の元素組成を決める最初の大きな要因となった．言い換えると，2核子系のこの絶妙なバランスは我々が生まれることができたかどうかをビッグバンのときに決めた分岐点であったはずである．もし2中性子系が束縛できたとすると，宇宙は電荷のない中性子が過剰な物質で満ちたまったく違う世界になったであろう．重元素がビッグバンで十分生成されていたはずで，逆に生命に必要な軽元素（C，N，O，H など）が不足したに違いない[7]．我々が存在するには，やはり2核子系では重陽子だけが束縛されなければならなかったのだ．

2.4.3 核力と不安定核

この項では「原子核の限界」という章の趣旨からややずれるものの，現実的な核力を眺め，後の章で述べる不安定核の物理を調べる際に核力がどのような役割を果たしうるか，という点を述べておきたい．

図 2.8 は，現象論的核力の代表例であるアルゴンヌポテンシャル (AV18) による重陽子の $L = 0$（S 波）成分についての中性子・陽子間中心力ポテンシャルを示したものである．核力は，I) 遠距離 ($r > 2$ fm)，II) 中距離 (1 fm $< r <$ 2 fm)，III) 短距離 ($r < 1$ fm) の領域それぞれで特徴が異なる．

I) は湯川秀樹[8]が見いだした，1個の π 中間子の交換による核力である．湯川秀樹の中間子論の詳しい説明については核物理の標準的教科書に譲るが，簡単な考察から，核子と核子の間の力を媒介している粒子が π 中間子であり，その到達距離が $\hbar/m_\pi c$ であることがわかる．ここで $m_\pi c^2 = 140$ MeV を代入すると，核力の到達距離 $\lambda_\pi = 1.4$ fm が導ける．この λ_π はちょうど π 中間子のコンプトン波長の長さになっている．このとき，ポテンシャルの形は，

$$V(r) = -g^2 \frac{\exp(-r/\lambda_\pi)}{r}, \tag{2.27}$$

である．

---

[7] ビッグバンの元素合成では，陽子 (H) の他はほとんど ^{4}He になり，残りはわずかな重陽子，^{3}He，^{6,7}Li が生成されただけである．

[8] 湯川秀樹は，1949 年，核力の起源として中間子を予言した功績により日本人初のノーベル賞を受賞．なお，$\lambda_\pi = \lambda_\pi/(2\pi)$．

2.4 原子核はどうして $N = Z$ を好むのか — 核力

図 2.8 の II), III) の領域は 1 個の π 中間子の交換では説明できない．II) は重い中間子や 2 個の π 中間子交換により説明できるとされる．III) には強い斥力芯があるが，その原因は完全には理解されていない．クォーク自由度が関与していると考えられている．

この現実的な核力を眺めると，密度によって核力が大きく変化することが見てとれる．低密度の場合は (I) の領域に相当し，高密度の場合は (III) の領域に相当する．フェルミガス模型の節でも見たように密度が高いときには核子の運動量も大きくなるので，核力は運動量に強く依存しているとも言える．図 2.8 のようなポテンシャルの形はかなりの精度で描けるようになったが，このような密度依存性や運動量依存性はそれほど自明ではなく，現代核理論の重要テーマの 1 つとなっている．不安定核や中性子星というのは，**表面から中心に向かって密度が大きく変化する核子多体系**ともみなせる．不安定核は，核力の密度依存性を調べるという観点においても重要である．

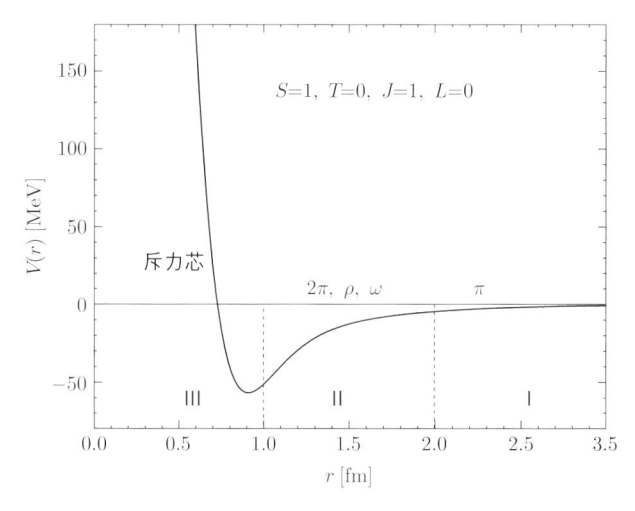

図 2.8 重陽子の pn 間のポテンシャルのうちの $L = 0$ についての中心力成分．I)$r > 2$ fm では 1π 交換ポテンシャルでよく説明できるが，II)1 fm $< r < 2$ fm では重い中間子，ρ, ω，や 2π の交換が重要になり，III)$r < 1$ fm では核子と核子が重なって強い斥力芯が存在する．なお，重陽子にはこの他テンソル力（引力）が働く．

不安定核の研究では，中性子-陽子間の力が重要になる．例えば中性子過剰核では中性子数が増加するため，陽子は中性子からのテンソル力の影響をより受

けやすくなる．実際に，不安定核ではテンソル力の役割がより強く観測されていて，これが第 5 章で述べる魔法数の変化に関与しているとする説が有力である．また，一般的に，核力のアイソスピン依存性，つまり $(N-Z)$ 依存性を知る最も良いプローブが不安定核であることも指摘しておく．

ところで，上では 2 核子間の間の力「2 体力」について述べたが，原子核のポテンシャルエネルギーが 2 核子間の力の重ね合わせのみで書けないことが知られている．つまり，残りの力は 3 体力（3 核子間力）あるいはもっと一般的に N 体力によるものとなる．3 体力は，π 中間子が媒介するデルタ粒子の引力効果（藤田宮沢の 3 体力）などがその大部分を担っていると考えられているが，実験的な検証がさらに必要である．特に，一部の不安定核には 3 体力効果が強く現れていると見られている．最近，質量が重い中性子星（太陽質量の 2 倍程度）がみつかったが，そのような重い中性子星を支えるためには 3 体力が重要な役割を果たしているのではないかと考えられるようになっている．この意味でも 3 体力は注目されている．

この章のテーマ「原子核の限界」に立ち返ってみると，どこに中性子ドリップラインが存在するのか，陽子ドリップラインが存在するのか，という問題を解決する鍵を握っているのもこうした極端な状態にある不安定核における核力の理解であろう．重い方の限界である超重元素の理解においても然りである．このように，不安定核の研究は，**核力の完全理解に向けた新しいページを開く**ものとしても期待されている．

第3章 不安定核を作る

　不安定核の研究をするには,何はともあれ,天然には存在しない**不安定核**を人工的に生成する必要がある.本章では,不安定核をどのように作るのかを説明したい.

　不安定核の生成に主として用いられる核反応は,**核破砕反応**と**核分裂反応**である.この章では,まずこれらの反応について説明する.原子核の静的な側面を見るのが「核構造」の物理であるのに対し,原子核の動的な側面(ダイナミクス)を見るのが「核反応」の物理である.入射エネルギーに応じて弾性散乱や直接反応などの単純な反応から,多くの核子の自由度が関与する深部非弾性散乱や核融合反応などの複雑な反応まで多種多様であり,核反応そのものが現代核物理の重要な研究対象となっている.ここでは,どのような核反応を利用すると不安定核が効率的に作られるのかという実用的側面とともに,その背後の核反応の物理にも触れたい.

　核破砕反応や核分裂反応で生成された不安定核は不純物(安定核や他の不安定核)を多く含むので,これらを分離し,二次ビームとして用意する必要がある.現在最もよく使われている,不安定核ビームの有力な生成分離法・装置は,**インフライト型不安定核分離装置**と**オンライン同位体分離装置**である.

　インフライト型不安定核分離装置は,中高エネルギーの重イオンビームを用い,文字通り,この一次ビームとほぼ同じ速度で作られる不安定核ビームを供給する.ここで言う中高エネルギーとは,核子あたりのエネルギーを E/A として,~ 40 MeV$< E/A <\sim$ 数 GeV である.一方のオンライン同位体分離装置は,標的中で不安定核を作り,静止状態から不安定核のイオンを引き出して再加速する方法である.

　日本には世界最大の重イオン加速器とインフライト型不安定核分離装置を有する理研の RI ビームファクトリ (**RIBF**) がある.RIBF は 2007 年に本格稼働

し，世界一の不安定核ビーム強度を誇る拠点研究所として，国内外から多くの研究者が集い，さまざまな不安定核の実験が行われている．インフライト型不安定核分離装置は，理研 RIBF の他，MSU（ミシガン州立大学，米国）の NSCL（国立超伝導サイクロトロン研究所），GSI（重イオン科学研究所，ドイツ），GANIL（国立重イオン加速器研究所，フランス），IMP（現代物理学研究所，中国）にある．さらに，日本の RIBF に追い付かんと，米国 MSU には FRIB が，またドイツの GSI でも FAIR と呼ばれる次世代型の不安定核ビーム施設が建設中である．不安定核科学の重要性が認識されて，これまで加速器が 1 台もなかった韓国においても次世代型不安定核ビーム施設 RAON の建設が始まっている．

一方のオンライン同位体分離装置は，スイスの CERN にある ISOLDE，カナダの TRIUMF，フランス GANIL の SPIRAL が代表的な施設である．

本章では，まず不安定核を生成する反応（核破砕反応，核分裂反応）を紹介し，インフライト型不安定核分離装置とオンライン同位体分離装置それぞれの方式を説明する．上で述べた代表的な不安定核ビーム施設についても簡単に紹介したい．

3.1　不安定核生成反応 1：核破砕反応

3.1.1　核破砕反応の描像

核破砕反応は，核子あたり約 40 MeV 以上の入射エネルギーで主となる重イオン反応過程である．図 3.1 に，核破砕反応の模式図を示す[1]．核破砕反応では，入射核（ビーム中の原子核）が標的核（標的中の原子核）と衝突する際に，2 つの核が重なる部分に含まれる核子（参加者）のみが反応に寄与し激しく散乱する．一方，それ以外の部分（傍観者）は反応があたかもなかったかのようにそのまま進行方向に飛んでいく．入射核から生まれる傍観者部分が「入射核破砕片」，標的核から生まれる傍観者部分が「標的核破砕片」である．実際には，これらの核破砕片は少し励起しているので，中性子などを少数個放出して，最終的な核破砕片となる．生成される核破砕片にはさまざまな組み合わせの中性子数・陽子数の核があり，その中には中性子過剰核や陽子過剰核が含まれている．これが不安定核ビームの素（もと）である．

---

[1] 核破砕反応は「入射核破砕反応」とも呼ばれる．

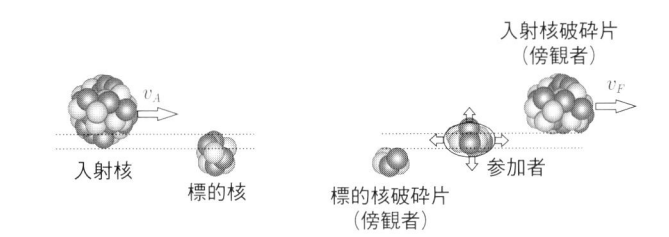

図 3.1 核破砕反応の模式図．左手が反応直前，右手が反応直後を表す．入射核が標的核に衝突すると，標的核を通過する際に重なる部分（図中の 2 つの点線に挟まれた部分）では核子どうしの激しい衝突が起きるが，それ以外の核子は反応には関与せず，まったく何事もなかったかのようにそのまま進行する ($v_A \approx v_F$)．このように反応に参加する参加者と反応にまったく参加しない傍観者という描像で説明できるので，参加者傍観者模型とも呼ばれる．入射核の傍観者部分が入射核破砕片となり，標的核の傍観者部分が標的核破砕片となる．

3.1.2 入射エネルギーと核破砕反応の起こる条件

原子核どうしの衝突（重イオン衝突）では，どんな場合でも核破砕反応が起こるわけではない．実際，反応の仕方は入射エネルギーに強く依存する．図 3.2 には，低エネルギー ($E/A \lesssim 10$ MeV)，中間エネルギー（数 10 MeV $< E/A <$ 数 100 MeV），高エネルギー ($E/A >$ 数 100 MeV) の 3 つのエネルギー領域について，重イオン反応が起こる直前での，入射核と標的核のフェルミ球を示したものである．フェルミ球の半径は $P_F \sim 270$ MeV/c である（2.3.1 項参照）．

まず低エネルギー反応の典型例として，$E/A = 5$ MeV の場合を考えてみる．入射核中の核子の平均運動エネルギーは実験室系で 5 MeV で，その運動量は ~ 100 MeV/c である．入射核のフェルミ球は原点をその分ずらしたもの（図 3.2 上）となるが，標的核と入射核のフェルミ球は大部分が重なってしまうことがわかる．同様に，中間エネルギー領域の典型的なエネルギー $E/A = 40$ MeV，高エネルギー領域の典型的なエネルギー $E/A = 200$ MeV の場合を考えてみると，核子の平均運動量はそれぞれ ~ 270 MeV/c，~ 640 MeV/c となる．つまり，図のように中間エネルギーでは 2 つのフェルミ球が半分程度重なり，高エネルギーでは 2 つのフェルミ球が完全に離れる，という状況にあることがわかる．

2 つの原子核の反応を核子と核子の散乱の重ね合わせと考えてみる．フェルミ球の大部分が重なる低エネルギーの重イオン衝突の場合，散乱された行先の運動量の状態が他の核子によってすでに占有されているため，実際には散乱が起きないことになる（パウリの閉塞効果）．つまり，低エネルギーでは核子と核

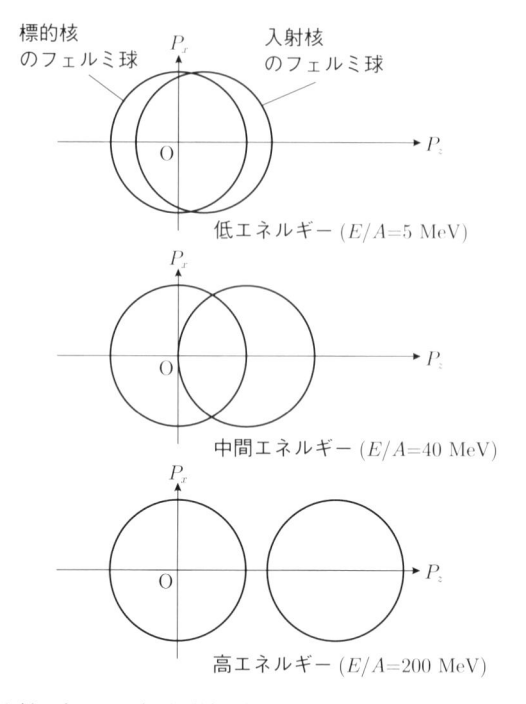

図 3.2 3つの入射エネルギー領域（低エネルギー，中間エネルギー，高エネルギー）における標的核と入射核のフェルミ球（許容される運動量空間）の重なり．P_z はビームの進行方向の運動量．フェルミ球の半径は約 270 MeV/c．低エネルギー（例 E/A=5 MeV）ではフェルミ球の重なりが大きくパウリの閉塞効果で核子間の散乱が起こりにくいが，高エネルギー（例 E/A=200 MeV）ではフェルミ球の重なりがなく核子間散乱が起こりやすくなる．

子の散乱が起きにくく，平均自由行程が原子核の半径を超えて長くなっているとみなせる．

低エネルギーではドブロイ波長も長い．例えば，運動エネルギーが 5 MeV の核子のドブロイ波長は，

$$\lambda = \frac{h}{P} = \frac{\hbar c}{PC} = \frac{200\,\text{MeV} \cdot \text{fm}}{100\,\text{MeV}} = 2.0\,\text{fm},$$

であり [2]，核力の到達距離 1.4 fm より長い．以上のことから低エネルギーでは入射核の核子は相手の個々の核子を見るのではなく，原子核全体を見ることに

---
[2] $\hbar c$ = 197.3 MeV·fm ≈ 200 MeV·fm を使うと便利である．

なり，重イオン衝突は原子核全体と原子核全体の衝突となる．反応は原子核の平均場ポテンシャルによって支配され，核融合反応や深部非弾性散乱が主となる．核融合反応は，原子核と原子核が正面衝突やそれに近い衝突をする場合，互いの平均ポテンシャルの中に取り込まれてしまい，1つの原子核として融合するという反応である．深部非弾性散乱は，入射核の進行方向が標的核の中心からずれて衝突した際に，多数の核子が入射核と標的核間を移行し，エネルギーのやりとりも行い，最終的には2つの原子核になるという反応である．

これとは対極的な高エネルギーでの反応を考えてみる．2つのフェルミ球は完全に離れるため，パウリの閉塞効果の影響を受けず，入射核中の核子と標的核中の核子がほぼ自由に散乱できるようになる．また，ドブロイ波長は，$E/A = 200$ MeV で 0.3 fm 程度と核力の到達距離よりかなり短い．したがって，入射核と標的核がこのエネルギーで衝突した際には，空間的に重なった部分の核子と核子の散乱で記述される核破砕反応が主反応となる．

中間エネルギー領域では，高エネルギーで起こる核破砕反応に近い反応が起こる．典型的なエネルギー $E/A = 40$ MeV でのドブロイ波長は約 0.8 fm と核力の到達距離より短く，一方で図 3.2（中）からわかるようにパウリの閉塞効果も限定的なので，入射核中の核子と標的核中の核子の間での散乱（核子-核子散乱）が可能になる．つまり核破砕反応的な描像がよく成り立つようになる．ただし，理想的な核破砕モデルでは入射核破砕片の平均速度は入射核の速度と等しくなるはずであるが，実際にはやや小さくなる．また，次項で述べる運動量分布が，理想的な核破砕模型が示すような対称な形にはならず低エネルギー側に裾を引くことなどが知られている．これは，パウリの閉塞効果が若干残っており，また入射核と標的核間でやりとりされるエネルギーが，入射エネルギーに比べて無視できない程度であるためと考えられている．いずれにせよ，中間エネルギー領域においても，入射核破砕反応は不安定核ビームを作る有力な手法となっている．

3.1.3 核破砕片の運動量分布

核破砕反応で生成される入射核破砕片の速度は，入射核の速度に近い $(v_A \approx v_F)$ が広がりをもっている．図 3.3 は，核子あたり 2.1 GeV の ^{12}C ビームの核破砕片 ^{10}Be の運動量分布（ビーム方向成分）を入射核の重心系で示したものである．平均運動量は入射核の重心系なのでほぼ 0 であるが，分布はガウス分布（正規

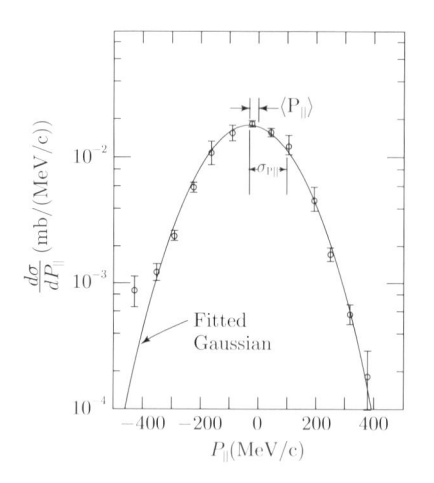

図 3.3 入射核 ^{12}C と ^{9}Be 標的との入射核破砕反応 ($E/A = 2.1$ GeV) で生成された入射核破砕片 ^{10}Be の運動量分布．^{12}C の重心系における縦方向（入射方向）の運動量分布を示している．縦軸が対数スケールで放物線であることからガウス分布関数でフィットできていることがわかる．図は文献 [6] より転載 *)．

分布）でよくフィットでき，その幅（標準偏差）は $\sigma=129$ MeV/c もある．この広がりは何に起因するのであろうか．

こうした運動量分布はさまざまな破砕片について系統的に調べられ，ガウス分布の幅（標準偏差）σ が入射核の質量数 A と入射核破砕片の質量数 K を用いて，

$$\sigma = \sigma_0 \sqrt{\frac{K(A-K)}{A-1}}, \tag{3.1}$$

でよく表されることが示されている．しかも，安定核ビームの実験では，式 (3.1) 中の σ_0 は (A, K) の組み合わせによらずほぼ一定で $\sigma_0 \approx 90$ MeV/c であった．上述の ^{10}Be の場合は $\sigma_0=96$ MeV/c である [3]．

なぜ入射核破砕片の運動量分布には広がりがあり，その幅は式 (3.1) のような簡単な式で表されるのであろうか．一言で言うと，核子のフェルミ運動のためである．つまり，入射核内の核子は，第ゼロ次近似ではフェルミガス模型で表され，入射核の重心系で見て平均的に光速の約 20% で動き回っているからで

---

*) Reprinted figure with permission from [6] Copyright (1975) by the American Physical Society.
[3] 不安定核では第 4 章の中性子ハロー核の例で紹介するように，運動量分布の幅がこの式より狭くなることがある．

ある．実際，ゴールドハーバーは，フェルミガス模型を用いて式 (3.1) が簡単に導き出せることを示した（ゴールドハーバー模型）[7]．この道筋を見てみよう．

質量数 A の原子核を入射核とする．この原子核中の i 番目の核子の運動量を $\boldsymbol{p}_i$ とすると，原子核の重心系（静止系）で核子の運動量ベクトルの合計は $\boldsymbol{0}$ になるので，

$$\left(\sum_{i=1}^{A} \boldsymbol{p}_i\right)^2 = \boldsymbol{0} = \sum_{i=1}^{A} p_i^2 + \sum_{i \neq j} \boldsymbol{p}_i \cdot \boldsymbol{p}_j. \tag{3.2}$$

平均をとると，

$$0 = A\langle p^2 \rangle + A(A-1)\langle \boldsymbol{p}_i \cdot \boldsymbol{p}_j \rangle, \tag{3.3}$$

となり，第二項の運動量相関は，

$$\langle \boldsymbol{p}_i \cdot \boldsymbol{p}_j \rangle = -\frac{\langle p^2 \rangle}{A-1}. \tag{3.4}$$

となる．$\langle p^2 \rangle$ とは核子の核内運動量の二乗平均，すなわち

$$\langle p^2 \rangle = \left(\sum_{i=1}^{A} p_i^2\right)/A, \tag{3.5}$$

である．

次に破砕片側 (質量数 K) を考える．入射核と同様に

$$P_K^2 \equiv \left(\sum_{i=1}^{K} \boldsymbol{p}_i\right)^2 = \sum_{i=1}^{K} p_i^2 + \sum_{i \neq j} \boldsymbol{p}_i \cdot \boldsymbol{p}_j, \tag{3.6}$$

となる．式 (3.2) と異なるのは，入射核の重心系から見てこれが $\boldsymbol{0}$ とはならず有限の値 P_K^2 をもつことである．ここで $\boldsymbol{P}_K$ は入射核の静止系から見た破砕片の運動量であり，その大きさを P_K と表した．式 (3.6) で，両辺について平均をとって，$\langle \boldsymbol{p}_i \cdot \boldsymbol{p}_j \rangle$ に式 (3.4) を代入し，

$$\langle P_K^2 \rangle = K\langle p^2 \rangle + K(K-1)\langle \boldsymbol{p}_i \cdot \boldsymbol{p}_j \rangle = \frac{K(A-K)}{A-1}\langle p^2 \rangle, \tag{3.7}$$

を得る．実際に測定するのはある方向の成分（例えば入射方向 z) である．$\boldsymbol{P}_K = (P_{xK}, P_{yK}, P_{zK})$ なので，

$$\langle P_{zK}^2 \rangle = \frac{1}{3}\langle P_K^2 \rangle = \frac{\langle p^2 \rangle}{3}\frac{K(A-K)}{A-1}. \tag{3.8}$$

$\langle p^2 \rangle = 3P_F^2/5$ (P_F はフェルミ運動量) を用いると,

$$\sqrt{\langle P_{zK}^2 \rangle} = \frac{P_F}{\sqrt{5}}\frac{K(A-K)}{A-1}. \tag{3.9}$$

$P_F = 270$ MeV/c として, 式 (3.1) の幅 σ_0 は

$$\sigma_0 \approx 120 \text{ MeV/c}, \tag{3.10}$$

と求まる. 現実の σ_0 は, これより小さい 90 MeV/c 程度であるが, これは入射核からはぎ取られる核子(群)が表面付近にあり, 密度が小さめで運動量が若干小さくなっているからと定性的には理解される.

インフライト型不安定核分離装置では, 生成された入射核破砕片を不安定核ビームとするのだが, ここで述べた運動量分布の幅のため, 分離装置の運動量アクセプタンス[4]をなるべく大きくすることが求められる.

3.2 不安定核生成反応2：核分裂反応

3.2.1 誘起核分裂反応

次に, 核分裂反応を用いた不安定核の生成法について見ていくが, その前に核分裂について簡単に触れておく. 核分裂は重い原子核が2つの原子核に分裂する過程であり, ハーンとシュトラスマンによって 1938 年に発見された.

核分裂は, ウランのような重い原子核が, エネルギーを与えられることなく自然に分裂する「自発核分裂」と, エネルギーを与えられることによって即座に分裂する「誘起核分裂」があり, 不安定核の生成には後者が用いられる. 不安定核の生成によく用いられる ^{238}U の場合, 崩壊の大部分は α 崩壊(半減期は 45 億年)で, 自発核分裂の確率は極めて低い(分岐比は 5.5×10^{-7}). したがって, 不安定核を生成するには即座に崩壊する誘起核分裂を利用する.

非常に重い原子核が核分裂をする事情は質量によって理解される. 2.2.1 項の

---

[4] 不安定核分離装置やスペクトロメータでは, 有限の運動量の範囲, および散乱角度の範囲の粒子のみを通すことができる. この運動量の範囲を運動量アクセプタンス, 散乱角度の範囲を角度アクセプタンスと呼ぶ.

3.2 不安定核生成反応 2：核分裂反応

図 2.3 で示したように，核子あたりの結合エネルギー B/A は ^{56}Fe でほぼ最大値となり，それより重くなると B/A は小さくなるのであった．図 2.3 から，質量数が ^{56}Fe より 2 倍程度になると，2 つに分かれたときの方が質量が軽くなり，エネルギー的に安定になる．つまり核分裂した方がお得ということになる．仮に非常に重い質量数 A の原子核が質量の等しい 2 つの原子核（質量数 $A/2$）に分かれるとしよう．分裂前後での質量差が放出されるエネルギー Q となり，

$$Q = [M(A) - 2M(A/2)]c^2 = \left[-\frac{B(A)}{A} + \frac{B(A/2)}{A/2}\right]A, \quad (3.11)$$

となる．例えば，^{238}U の同位体 ^{235}U の場合，$B/A = 7.6$ MeV，その半分の原子核 $A = 118$ 付近では $B/A = 8.5$ MeV である．したがって $Q = (-7.6 + 8.5) \cdot 235 \approx 210$ MeV と概算できる．つまり ^{235}U は核分裂で 200 MeV 程度のエネルギーを放出する．

しかし，エネルギー的により安定になるからといって自発核分裂は簡単には

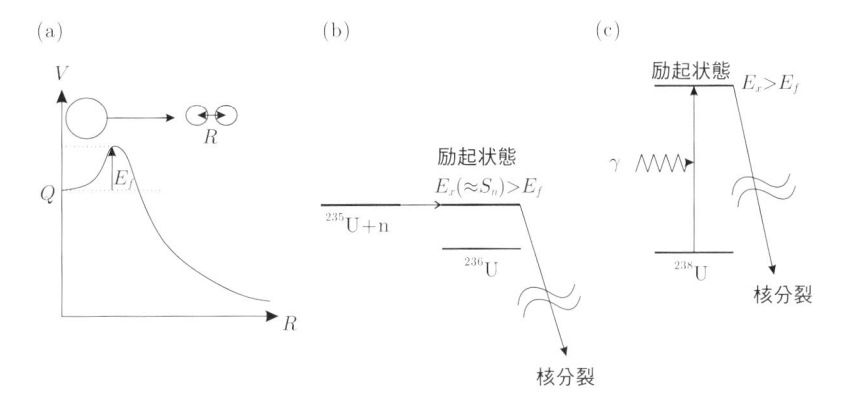

図 3.4 (a) 核分裂過程のポテンシャルエネルギーの概念図．変形度 0($R = 0$) のときが核分裂前で，ここから核分裂片が核分裂障壁（エネルギー E_f）を超える（抜ける）ことができれば，エネルギー Q を得る．自発核分裂の場合，この障壁を量子トンネル効果で抜けることになるのだが，E_f が大きい場合にはその透過確率は限りなく 0 になる．一方，何らかの反応により励起し，励起エネルギー E_x が E_f より大きくなればトンネル効果に頼ることなく即座に核分裂する（誘起核分裂）．(b) 誘起核分裂の例：^{235}U に熱中性子を吸収させると ^{236}U の励起状態ができる（励起エネルギーは $E_x \approx S_n$）．この場合は $E_x > E_f$ なので誘起核分裂を引き起こす．(c) クーロン核分裂：^{238}U が重標的の傍を高エネルギーで通過すると，クーロン励起が引き起こされる．励起エネルギーは 10–15 MeV 程度になり，$E_x > E_f$ の条件を満たして，誘起核分裂が起こる．

起きない．これは図 3.4(a) で説明できる．液滴模型によれば，核分裂は原子核が非常に強い変形を動的に引き起こして 2 つに分裂する過程と解釈できる．核分裂した 2 つの原子核（核分裂片，原子番号 Z_1, Z_2）どうしには強いクーロン反発力（$\sim Z_1 Z_2 e^2/R$）が働くため，これが図に示すようなポテンシャルエネルギーの障壁（核分裂障壁，エネルギー E_f）を作る．自発核分裂を引き起こすためには量子力学的なトンネル効果で核分裂片がポテンシャル障壁の外に飛び出す必要があるが，障壁が高いためほとんど通過できないのである．これが自発核分裂が起きにくい理由である．

ではどうすれば即座に核分裂させられるのであろうか．何らかの反応を利用して E_f より高い励起状態を作り，核分裂障壁を超えさせてやればよい．これが誘起核分裂であり，一番よく使われる誘起核分裂は，図 3.4(b) に示した中性子捕獲反応である．^{235}U の場合，熱中性子のような低速の中性子捕獲によりできた ^{236}U は図のように 1 中性子分離エネルギー $S_n (=6.5$ MeV$)$ 分だけ励起して生成されることになる．この場合 $E_x (=S_n) > E_f$ となり（E_f =5.9 MeV），^{236}U は核分裂に至る．

ところで，^{235}U の熱中性子捕獲による誘起核分裂の際の核分裂片の質量分布は，図 3.5（左）のように 2 つのピークをもつ．つまり，現実の核分裂は質量

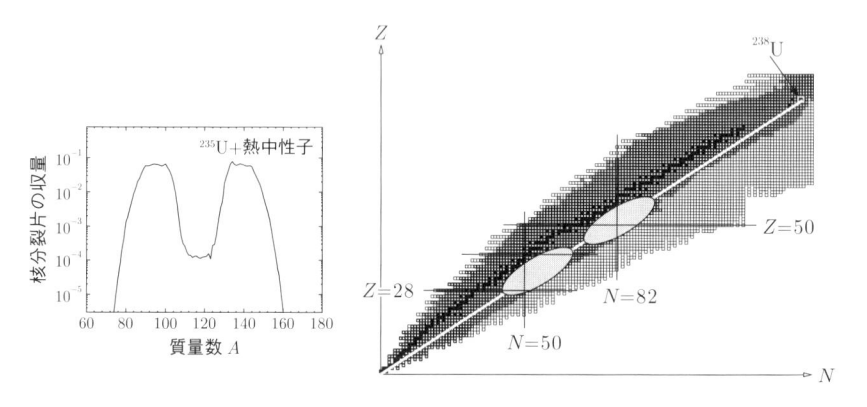

図 **3.5** 左）^{235}U の熱中性子による誘起核分裂反応で生成される核分裂生成核（核分裂片）の収量分布．データは JENDL-4.0 [8] を用いた．右）^{238}U のクーロン核分裂反応で生成される核分裂片のピーク領域の模式図．図の灰色で囲まれた楕円領域付近の不安定核が最も多く生成される．このように ^{235}U の熱中性子による誘起核分裂反応（左図）と同様の 2 つのピークがある（ただし中央の谷間は浅い）．

のほぼ等しい核分裂片に分かれるのではなく，殻効果のため，質量数 140 近辺のものと質量数 90 近辺のものというように非対称な 2 つの核分裂片に分かれる．また，核分裂片は中性子過剰核になる．^{235,238}U は $A/Z \approx 2.6$ で，この N/Z の比率が核分裂片にもある程度反映され，実際に核分裂片の生成のピークも $A/Z \sim 2.6$ に現れるが，この質量領域では安定核よりも中性子過剰側だからである．核図表上での安定核のラインが上に凸の関数であることを反映している．したがって，$A \sim 70-100, 130-150$ 付近の中性子過剰核を生成するうえで誘起核分裂反応は非常に有用である．

3.2.2 クーロン核分裂反応

高エネルギー ^{238}U 核分裂片を不安定核ビームとして利用することを考える．このとき高速で走る ^{238}U に熱中性子を移行することはできない．また ^{238}U の場合には ^{239}U の分離エネルギーが小さいので熱中性子捕獲ではそもそも核分裂しない．そこで有用なのがクーロン励起を利用した**クーロン核分裂反応**であり，図 3.6 はその模式図である．また，このときのエネルギーの関係を図 3.4(c) に示す．図 3.6 に示すように ^{238}U が相対論的速度で重標的の近傍を通過すると，^{238}U は強いクーロン場を感じる．このクーロン場はローレンツ収縮しており，^{238}U はパルス的な電磁場を感じることになる．このパルス的電磁場による励起は，仮想光子の吸収による励起と等価とみなせる．つまり，^{238}U は光吸収反応を起こす．^{238}U が光子を吸収すると励起エネルギー 10–15 MeV にピーク

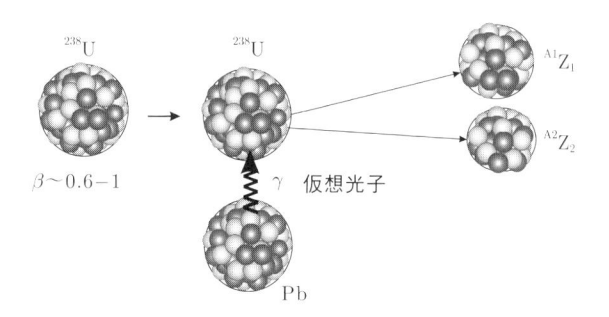

図 3.6　^{238}U のクーロン核分裂反応の模式図．相対論的速度（例えば RIBF では $\beta \sim 0.7$）で鉛などの重標的の近傍を通過させると，鉛のクーロン場で励起される．これをクーロン励起と呼んでいる．これで，励起エネルギー 10-15 MeV にピークをもつ巨大双極子共鳴が強く励起され，誘起核分裂が起こる．

をもつ巨大双極子共鳴 (Giant Dipole Resonance: GDR) に励起される．GDRというのは，原子核が光を吸収したときに陽子流体と中性子流体が逆方向に振動する励起モードのことで，電気双極子励起の大部分を占める．なお，このように光を吸収したときの原子核の応答（励起の仕方，強度スペクトル）を**電磁応答**と呼び，中性子ハロー核（第 4 章）や中性子スキン核（第 6 章）でも重要なテーマとなっている．

こうして光吸収をした ^{238}U は，図 3.4(c) に示すように，励起エネルギーが核分裂障壁を超え誘起核分裂が引き起こされる．得られる核分裂片は，やはり質量数 90 と質量数 140 あたりをピークとする中性子過剰核であり，不安定核生成の重要な生成手段となる（図 3.5 右）．

核分裂片は入射粒子とほぼ同じ速度で得られるため，分離するとそのままビームとして用いることができる．つまり，ビームとほぼ同じ速度の不安定核を分離するインフライト型不安定核分離装置に適している．生成される核分裂片は運動量の幅をもち，核分裂の Q 値に応じて

$$\Delta P = \sqrt{2\mu Q}, \tag{3.12}$$

の半径をもつ球面上に運動量が分布する．つまり ΔP 分の半値幅の運動量分布をもつ．ここで μ は 2 つの核分裂片の換算質量である．例として，Q =200 MeV とし，$A/2$ =119 の 2 つの核分裂片に分裂するとすると，ΔP =4.7 GeV/c となる．核分裂片の運動量は 100 GeV/c 程度なので，この広がりは約 5%である．これは入射核破砕反応で不安定核を生成する場合の運動量分布の幅よりも広いため，核分裂片を不安定核生成に用いる場合には，インフライト型不安定核分離装置のアクセプタンスを特に広くとる必要がある．理研 RIBF はこの点が留意されて設計されており，インフライト型不安定核分離装置としては世界最大のアクセプタンスをもつ BigRIPS を有する．

なお，最近では，^{238}U を軽い標的と衝突させ，核力で励起し，誘動された核分裂反応も利用されている．その場合でも，インフライト型不安定核分離装置が有用である．このような，高エネルギー重イオンの，核力・クーロン力による誘導核分裂を，まとめて**飛行核分裂**と呼んでいる．

3.3　インフライト型不安定核分離装置

ここでは，インフライト型不安定核分離装置の原理と特長，および現在稼働している次世代型のインフライト型不安定核分離装置 RIBF（RI ビームファクトリー）を紹介する．

3.3.1　インフライト型不安定核分離装置の原理

インフライト型不安定核分離装置は，図 3.7 のように，重イオン加速器で加速された核子あたり 40MeV-数 GeV の中高エネルギーの重イオンを用い，高速で飛行している重イオンの核破砕反応で生成される入射核破砕片，あるいは飛行核分裂で生成される核分裂片を不安定核ビームとする装置である．その特長の 1 つは，中高エネルギーの**入射核（重イオンビーム中の安定核）**を種にして，**その速度をほぼ保ったまま**，不安定核が高速のビームとして得られるということである．

では，インフライト型不安定核分離装置を用いた不安定核の分離法を見ていくことにする．まずは，荷電粒子の磁場中での運動を記述するのに必要な物理

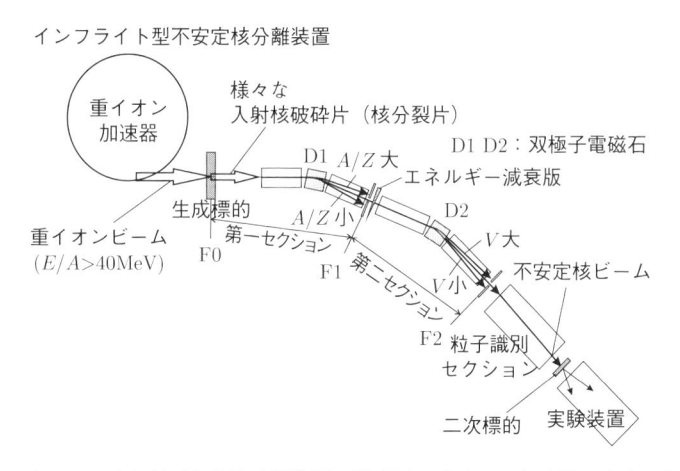

図 3.7　インフライト型不安定核分離装置の模式図．重イオン加速器で中高エネルギー（$E/A \sim 40$ MeV–数 GeV）まで加速された重イオンビームが生成標的中の標的核と核破砕反応を起こし，さまざまな入射核破砕片が生成される．これを電磁スペクトロメータで分離し目的の不安定核ビームを得る．

量，磁気硬度 $B\rho$ を導入しよう．

$$B\rho = \frac{P}{Ze} \sim \frac{A}{Z}v. \tag{3.13}$$

このように $B\rho$ は荷電粒子の「運動量/電荷」という物理量を表す．左辺の B は磁場（磁束密度），ρ は磁場中の回転半径を表すので，同じ $B\rho$ 値をもつ粒子は，同じ磁場中では同じ曲がり方をする[5]．

不安定核の分離は，図 3.7 に模式的に示すように，第一セクション，第二セクションという二段階で行われる．第一セクションは図の F0（生成標的位置）から F1（第一焦点面）までである．通常はここに双極子電磁石が少なくとも 1 台は入り，不安定核の集団は磁場によって曲げられることになる．生成標的から放出されたさまざまな種類の不安定核は $B\rho$ 値に応じて曲がり方が異なり，$B\rho$ 値が大きいとあまり曲げられず，逆の場合は大きく曲げられる．核破砕反応や核分裂反応で生成された不安定核は，入射核の速度をほぼ保っているので，速度は不安定核の種類にほとんど依存しない．したがって，式 (3.13) より，$B\rho \propto A/Z$ となり，A/Z の値に応じて曲がり方がほぼ決まることがわかる．

例として ^{48}Ca ビームから ^{25}Ne を核破砕反応で生成し，分離する場合を考えよう．^{25}Ne は $A/Z = 2.5$ で，同じ $A/Z = 2.5$ の ^{20}O，^{30}Mg もほぼ同じ $B\rho$ の値をもつので，第一セクションの磁場中で同じように曲がり，F1 でほぼ同じ位置に来る．この軌道が F1 の中心を通るように磁場を調整し，F1 に設置するスリットを通せば $A/Z = 2.5$ の粒子が選択される．なお，F1 は $B\rho$ 値によって，水平方向の通過位置が異なるような焦点面で分散型焦点面と呼ばれる．

第二セクションは F1（第一焦点面）から F2（第二焦点面）である．ここにも双極子電磁石が少なくとも 1 台は入り，さらに曲げられる．第二セクションの入り口に，1 つ仕掛けをする．つまり F1 にエネルギー減衰板を置く．エネルギー減衰板を通過すると，同じ A/Z でも Z の異なる不安定核どうしはエネルギー損失が異なり，減衰板通過後の速度に違いが生じる．したがって，$B\rho$ 値が互いにずれることになる．エネルギー損失はベーテブロッホの式に従い，核子あたり $\sim Z^2/(Av^2)$ であるため，Z が大きいほど速度の減衰が大きい．例では ^{30}Mg の速度の減衰が最も大きく，^{20}O の速度の減衰が一番小さい．^{25}Ne が中心軌道を通るように第二セクションの磁場を調整すると，^{30}Mg は曲がりすぎ，

---

[5] $B\rho$ の単位を T·m（テスラメートル），P の単位を MeV/c とすると，$B\rho = P/(300Z)$ と表せる．

^{20}O はあまり曲がらない方向に行き，^{25}Ne から分離される．

実際には，核破砕反応では式 (3.1) のように，また飛行核分裂反応では式 (3.12) のように，運動量の広がりがあり，他の粒子が 5-10 種類程度混じることが多い．そこで，このような二段階の分離を行った後に，粒子の識別・同定をイベントごと（粒子ごと）に行う．すなわち，不安定核の $B\rho$ ($\propto Av/Z$)，飛行時間 (Time of Flight: $TOF \propto 1/v$)，エネルギー損失 ($\Delta E \propto Z^2/v^2$) を測定し，この組み合わせを利用して不安定核の同定（A, Z の同定）を行うのである．RIBF ではこのような粒子識別セクションが別に設けられていて，粒子ごとに (A, Z) のタグ（札）がつけられ，下流の実験エリアに不安定核ビームとして供給される．

3.3.2 インフライト型不安定核分離装置の特徴

インフライト型不安定核分離装置では，核破砕反応で得られる入射核破砕片や飛行核分裂反応で得られる核分裂片をビームとする．この方法は，以下のような特長をもつ．

- 入射核より (N, Z) の小さい不安定核の多くが生成可能．
- 生成される不安定核は物理的プロセスによって作られるので，元素の「化学」的性質にはよらない．一方，後述するオンライン同位体装置は「化学」的性質によって元素ごとに得手不得手がある．
- 生成される不安定核は入射核（ビーム）とほぼ同じ速度で生成される．したがって中高エネルギー不安定核ビームとして利用できる．
- ビームの生成プロセスが早い．例えば生成標的の位置から 100 m 下流（ビームライン後方）で不安定核ビームによる実験を行う場合でも，光速の 70% の場合，約 0.5 μs 後には実験地点まで到達できる．β 崩壊の半減期は最短の場合でもミリ秒はあるので，不安定核を無限の寿命をもつ「安定核」とみなして実験できる．
- 生成された不安定核の運動量は幅をもつが，全運動量の大きさに対して幅は十分狭いので，効率よく不安定核ビームを収集できる（運動学的収束）．
- 比較的分厚い生成標的を用いることができ，収量が稼げる．

以上のような特長によって，インフライト型不安定核分離装置は，現在，不安定核ビーム生成の主流となっている．

一方，オンライン同位体装置のように，エネルギーや角度の揃ったビームを作るのは不得手である．そのため，実験では，分解能を上げる工夫が必要になることも多い．

3.3.3 インフライト型不安定核分離装置を用いた不安定核ビーム施設

ここでは実際に稼働しているインフライト型の不安定核分離装置を紹介しよう．

インフライト型不安定核分離の原型は，1980 年代，LBNL（ローレンスバークレー国立研究所，米国）にあった BEVALAC 重イオン加速器での実験に遡る．ここで高エネルギー（$E/A = 0.8 - 2$ GeV）の重イオン衝突の反応が系統的に調べられ，核破砕反応が主として起こっていることがわかった．続いて，この核破砕反応を用いて，^{6}He，^{8}He や ^{11}Li の入射核破砕片をビームとして効率よく取り出すことに成功した．不安定核ビームの登場である．一連の不安定核ビームの実験から ^{11}Li に「中性子ハロー」構造が発見されることになる．これについては次章で紹介する．

LBNL での成功に触発され，最初に中間エネルギーの重イオン加速器でインフライト型不安定核分離装置が作られたのは，GANIL（フランス）であった．GANIL の LISE では，核子あたり 40 MeV 程度の重イオンビームの破砕反応で効率よく不安定核ビームが作られ，多くの新同位体が発見され，また β 崩壊の実験などで成果を挙げた．その後，1990 年には，日本で初となるインフライト型不安定核分離装置 **R**IPS （**R**IKEN **P**rojectile-Fragment **S**eparator) が理研の加速器施設（主加速器は理研リングサイクロトロン RRC）に登場した．同じ時期，米国 MSU の NSCL には A1200 が建設された．理研の RIPS，NSCL の A1200 はエネルギーが核子あたり 100 MeV 程度までの中間エネルギーの不安定核ビーム生成分離装置であり，ハロー核の研究や魔法数の破れの発見，宇宙での元素合成に関わる核反応率の測定など，多くのパイオニア的成果を挙げ，不安定核物理の進展に寄与した．

ドイツの GSI には核子あたり 1 GeV クラスの高エネルギーのインフライト型不安定核分離装置が建設された．飛行核分裂を用いた不安定核生成が初めて行われ，1 つの実験で一気に 100 個以上の新原子核の同定が行われるなどの成果が次々に発表された．

2007 年には，次世代型の不安定核ビーム施設の先駆けとなる RI ビームファク

トリー (RIBF) が理研に完成した [9]．図 3.8（口絵 1）は理研 RIBF の鳥瞰図である．理研の加速器施設は戦前の仁科芳雄以来の伝統があり，1980 年代には線形加速器 RILAC，AVF サイクロトロン，理研リングサイクロトロン RRC が建設された．1990 年代には，核子あたり 90〜135 MeV の高強度の重イオンビームを用いて，上述の RIPS で不安定核を生成し，世界をリードする不安定核の研究が行われた．RIBF では，これらのサイクロトロンのさらに後段に，fRC（固定加速周波数型リングサイクロトロン），IRC（中間段リングサイクロトロン），SRC（超伝導リングサイクロトロン）という 3 台のサイクロトロンが新設された．最終段の SRC は超伝導磁石を採用し，その重さは 8300 トン，得られる重イオンのエネルギーはサイクロトロンでは世界最大である．実際，RILAC+4 台のサイクロトン (RRC+fRC+IRC+SRC) を用いて，^{238}U 等の重イオンビームが核子あたり 345 MeV まで加速できる．また，軽イオンでは AVF+RRC+SRC の組み合わせで核子あたり 440 MeV まで加速できる．そのビーム強度は 10^{11-12}

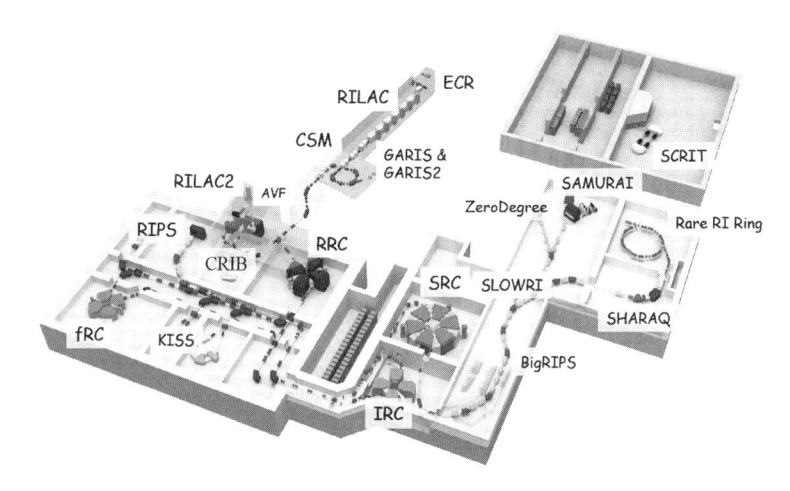

図 3.8 理研 RI ビームファクトリー (RIBF) の鳥瞰図．2006 年に，fRC，IRC，SRC の計 3 台のサイクロトロンが新たに建設され，2007 年より本格稼働した．SRC は世界最大の超伝導サイクロトン．重イオンは，28 GHz の ECR（イオン源）からスタートし，RILAC（線形加速器）で初段加速された後，4 台のサイクロトン RRC，fRC，IRC，SRC で次々に加速され，光速の 70%程度（核子あたり 345 MeV）のビームとして供給される．BigRIPS は世界最大のアクセプタンスをもつインフライト型不安定核分離装置で，その後段の ZeroDegree(ZDS)，SAMURAI，SHARAQ などのスペクトロメータを用いた多彩な不安定核の実験が行われている（口絵 1）．

個/秒のオーダーと，強力である．

RIBF には，さらに，世界最大のアクセプタンスを誇るインフライト型不安定核分離装置 BigRIPS が備えられ，既存の施設と比べて 2-4 桁も高い強度の不安定核ビームが得られている．すでに 100 種以上の新同位体が RIBF で同定されており，ドリップラインの原子核，新ハロー核の発見，二重魔法数核の ^{78}Ni, ^{132}Sn, ^{100}Sn などの殻構造進化に関する研究など，従来は不可能であった実験が可能となり，不安定核物理の新時代が開かれつつある [10]．

さらに，インフライト型不安定核分離装置を兼ね備えた次世代型不安定核ビーム施設が世界各地で建設中である．MSU の FRIB(Facility for Rare Isotope Beams) は，超伝導線形加速器で加速される核子あたり 200 MeV の高強度重イオンビームによって，RIBF を凌駕する高強度の不安定核ビーム生成を目指した施設で，2020 年ごろ完成予定である．ドイツの GSI には新しい重イオンシンクロトロンを主加速器とする FAIR と呼ばれる施設が建設中である．2020 年代初頭の完成を目指している韓国初の重イオン加速器施設 RAON でも大型のインフライト型不安定核分離装置を備える予定である．このように，2020 年代には世界中で理研 RIBF を凌駕するような次世代型不安定核ビーム施設が完成し，不安定核物理の研究がますます進むと期待されている．理研 RIBF においても，世界に負けないユニークかつ強力な不安定核ビーム施設となるよう，次期計画の検討が始まっている．

3.4　オンライン同位体分離装置

次にもう 1 つの不安定核の生成手法，オンライン同位体分離装置（ISOL, 通称アイソル）の概略と特長を述べる．この方法では，図 3.9 のように，高エネルギーの陽子ないし重イオンを用い，これを非常に分厚い生成標的に止め，標的核の核破砕反応や核分裂反応で生成される不安定核を利用する [6]．つまり**標的核が種**であり，不安定核は**ほぼ静止して生成される**．これを加速し，電磁石などでできた質量分析器で目的の不安定核を分離し，後段の加速器で再加速して不安定核ビームとする．

---

[6] 高エネルギー陽子ビームの場合には重イオンビームの核破砕反応に類似した**スポレーション反応**が起こる．陽子が標的核内の核子に衝突して次々に吹き飛ばす反応で，生き残った残留核が不安定核の種となる．

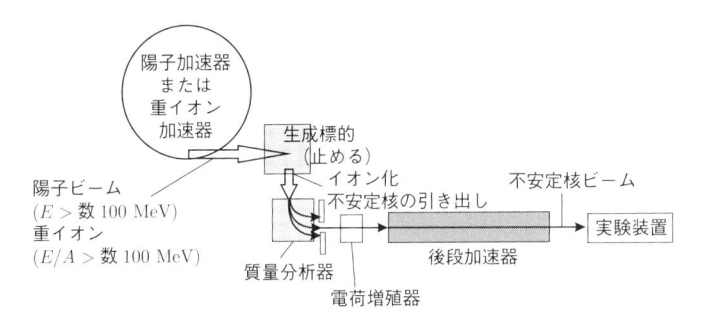

図 3.9 オンライン同位体分離器の模式図．高エネルギーの陽子または重イオンビームを非常に分厚い標的に止める．スポーレーション，核破砕反応，誘起核分裂で生成される標的核中の核破砕片などを種として不安定核を作る．これをイオンとして引き出し，質量分析器で分離し，さらに後段の加速器で再加速して不安定核ビームとする．

3.4.1 オンライン同位体分離装置の原理

典型的なオンライン同位体分離装置は，図 3.9 のように，1) 一次ビームを生成標的中に止め，反応により不安定核を生成し，2) 不安定核をイオン化して引き出し，3) 質量分析をし，4) 電荷増幅し，4) 再加速する，という不安定核生成分離装置である．以下にそれぞれの概略を説明する．

1. 標的中での不安定核の生成：高エネルギーの陽子，重イオンを標的と反応させる．なるべく不安定核の収量を多くするため，高エネルギーのビームを止められる分厚い標的を用いることが多い．高エネルギー陽子ビームの場合は核破砕反応と類似したスポレーション反応が起こり，標的中の核子を次々と吹き飛ばして，生き残った残留核が不安定核の種となる．^{238}U のような重い標的を用いると，核分裂を引き起こすこともでき，そのときは核分裂片が不安定核の種となる．標的は高温になり，不安定核は蒸発して出てくる．

2. 不安定核のイオン化と引き出し：不安定核をイオン化させプラズマ状態にする．ここでは不安定核を +1 価または −1 価にイオン化する（電子を 1 個除くか加える）．イオン源を高電位 (40 − 60 kV) にして不安定核イオンを引き出す．イオン化のやり方は，i) 表面イオン化：高温化した表面でイオン化する手法，ii) 電子衝突によるイオン化，iii) レーザーイオン化：レーザーにより特定の準位間を遷移させイオン化する，などの手法が用いられ

る．特に最近はレーザーイオン化によって特定の Z の不安定核を選択的にイオン化する手法が発達してきた．これを質量分析すると (A, Z) が選別された純粋な 1 種類の不安定核が生成できる．

インフライト型不安定核分離装置の場合はすべて中高エネルギーで処理するので，ほとんど電子ははがれているが $(Q = Z)$，逆に速度 0 からスタートするオンライン同位体分離装置では中性 $(Q = 0)$ からスタートし，イオン化で $|Q| = 1e$ として引き出すのである．

3. 質量分析：磁場によって質量を選択する．$B\rho = Av/Q$ であるが，$Q = 1e$ であり，同じ電圧のイオン源で取り出すと速度は揃っているので，A で分けられる．
4. 電荷増幅：加速する場合，電荷の価数が高い方が効率がよい．電荷が Qe の場合，電圧差 V で得られる核子あたりのエネルギーは QeV/A なので，Q に比例してエネルギーが高くなるからである．そのため，不安定核ビームを再加速する前に電荷増幅器 (Charge Breeder) に通すことが多い．イオンに高エネルギーの電子を衝突させて多価イオンにする電子ビームイオン源 (EBIS: Electron Beam Ion Source) や電子サイクロトロン共鳴イオン源 (ECR: Electron Cyclotron Resonance Ion Source) がよく用いられる．
5. 後段加速器：こうして取り出されて選別された不安定核を加速させる．線形加速器やサイクロトロンなどが用いられる．現在，$E/A =$ 数 MeV～数 10 MeV の後段加速器を備え付けたオンライン同位体分離装置がある．

3.4.2　オンライン同位体分離装置の特徴

オンライン同位体分離装置は速度 $v \approx 0$ のイオン源から出発するという意味では安定核の加速と同じである．このため，以下のような特長をもっている．

- ビームのエネルギー分解能，角度分解能が高い．安定核と同様のビームクォリティが得られる．
- レーザーイオン化技術を用いると高純度の不安定核ビームが得られる．
- 標的はインフライト型不安定核分離装置の標的より厚くできるので，引出効率にもよるが，一般にはより高強度のビームが得られる．
- 速度が低いビームを作りやすいので，止めて行う実験に向いている．例えば

ペニングトラップなどを利用する質量の超精密測定，アイソトープシフトなどの原子準位の遷移の測定，β 崩壊の実験などである．
- 後段加速器を用いれば $E/A \sim 10$ MeV 程度に再加速することも可能である．(d,p) 反応などの核子移行反応は，このエネルギー領域で反応率が高くなるので有利である．一方，インフライト型不安定核分離装置において $E/A \sim 10$ MeV 程度で実験をするためには，不安定核ビームを減速する必要がある．そのため，収量が減少し，エネルギーと角度が広がって分解能が悪化する．

このように，クォリティが高い（エネルギー，角度分解能が高い）低速の不安定核ビームが得られることが，オンライン同位体分離装置の最大の特長である．不安定核を止めて行う β 崩壊やイオントラップを用いた質量の精密測定，さらに再加速した場合には，核子移行反応やクーロン障壁以下でのクーロン励起など，インフライト型不安定核分離装置では困難な実験でも威力を発揮する．

一方，オンライン同位体分離装置の欠点の 1 つは，引出時間がインフライト型に比べて圧倒的に長いことである．そのためドリップライン近辺の半減期がミリ秒程度の中性子過剰核の生成は難しくなる．また，化学的性質の違いで生成量が大きく変わるという欠点がある．実際，イオン化エネルギーの小さいアルカリ金属は非常に効率よく引き出せるため，Li や Na は高い生成量があるが，周期律表の真ん中あたりの元素，例えば炭素などはあまり効率よく引き出せない．効率を上げるための工夫が求められ，元素ごとにイオン源の開発が必要であるため，インフライト型に比べて，開発コストや手間が多くかかることも短所となっている．

3.4.3　オンライン同位体分離装置を用いた不安定核ビーム施設

最初のオンライン同位体分離装置は，欧州原子核研究機構 (CERN) に建設された ISOLDE（イゾルデ，**I**sotope **S**eparator **O**n-**L**ine **D**evice）である．ISOLDE はインフライト型不安定核分離装置の登場を 20 年近くも遡る 1967 年に，陽子シンクロサイクロトロンで得られる 600 MeV の陽子を用いて不安定核の生成が始まった．現在では，陽子シンクロトロンブースター (PS Booster, PSB) で得られる高エネルギー陽子（1.0 ないし 1.4 GeV）を用いて不安定核の生成が行われている．

図 3.10 に，ISOLDE の鳥瞰図を示す．PSB からの陽子ビームは分厚い生成

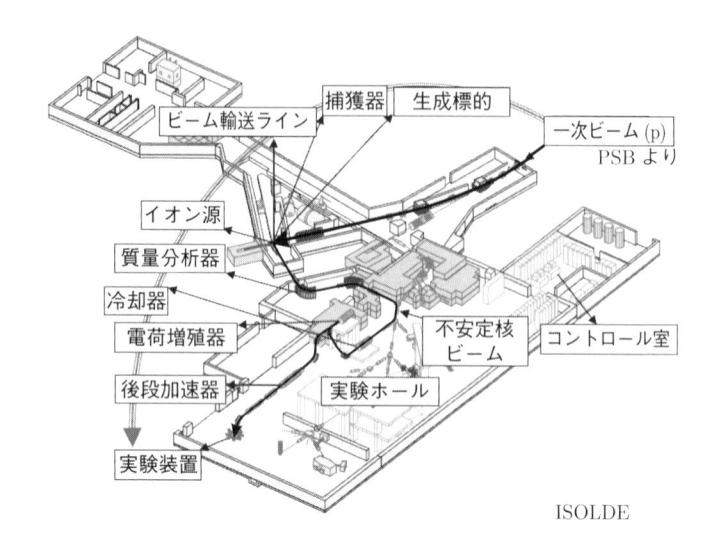

図 3.10 欧州原子核機構 (CERN) にあるオンライン同位体分離装置 ISOLDE の鳥瞰図．PSB（プロトンシンクロトンブースター）で加速された高エネルギー陽子ビームを生成標的と衝突させ，不安定核を生成する．生成標的から取り出された不安定核を捕獲器，イオン源へと導き，これを質量分析器に通すと，超低速 (60 keV) の不安定核ビームとなる．これらは実験ホールのさまざまな実験施設に供される．また，これを電荷増殖器で価数を上げ，さらに後段加速器を通すと，クーロン障壁を超えるエネルギーにまで加速できる．図は文献 [11] を基に作成．

標的に照射され，スポレーション，核破砕反応，核分裂反応などにより不安定核が生成される．不安定核は捕獲器，イオン源，質量分析器を経て，60 keV，1 価の不安定核ビームとなる．実験によってはこのビームを用いる．

一方，この不安定核ビームは目的に応じて，再加速される．そのため，質量分析器を経た後，冷却器でビームのエネルギー，角度の広がりが収縮される．この冷却器は実際には磁場と電場でイオンを閉じ込めるペニングトラップ (REXTRAP) である[7]．冷却器の後，電荷増殖器 (REXEBIS) で電荷を多価化し，その後，線形加速器 (REX-ISOLDE) で最大 $E/A = 3$ MeV まで加速される．

現在，さらに超伝導線形加速器 (HIE-ISOLDE) が建設中である．これは，$E/A = 10$ MeV まで不安定核を加速できる装置で，2015 年に一部は稼働を始めた（加速エネルギー $E/A = 4.3$ MeV）．

---

[7] ビームのエネルギー，角度の広がりを収縮させることが「ビームの冷却」に相当．

オンライン同位体分離装置は，その他，GANIL（フランス）のSPIRAL，TRIUMFのISAC-I,II（カナダ）があり，不安定核のユニークな研究が行われている．またGANILにはSPIRAL-IIが建設中で，さらに将来的には，全ヨーロッパで推進するEURISOLという大型の計画がある．一方，現在建設中の韓国の重イオン加速器施設RAONでは，インフライト型不安定核分離装置とともに，オンライン同位体分離装置も設置する計画である．

3.4.4 次世代型低速RIビーム

以上，インフライト型不安定核分離装置，オンライン同位体分離装置を見てきた．それぞれ長所と短所があり，不安定核ビーム施設として補完的な役割を果たしている．この章の最後に，この両方の方式の良いところを兼ね備えた装置として，和田らによって発明された高周波イオンガイド法と呼ばれる新しい手法を用いた次世代型低速RIビーム装置[12]を簡単に紹介しておこう．

装置の概念図を図3.11に示す．まずインフライト型不安定核分離装置で不安

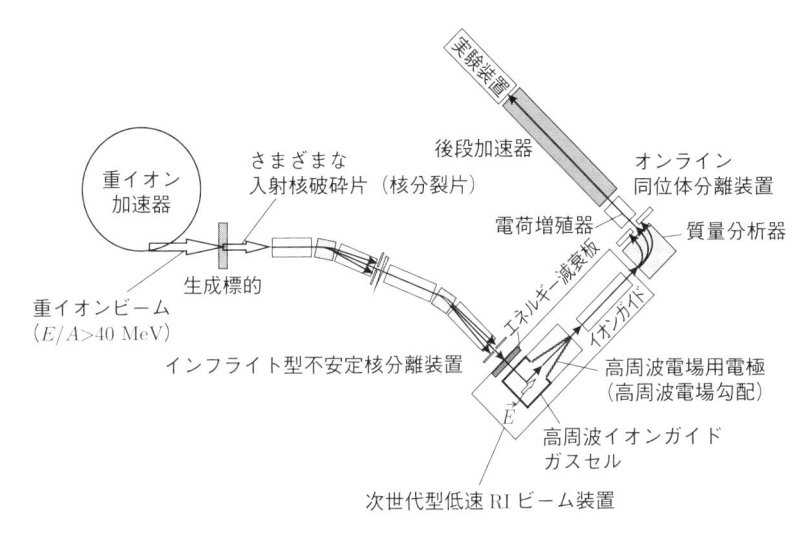

図 3.11 高周波イオンガイド法を使った次世代型低速RIビーム装置の概念図．まずインフライト型不安定核分離装置で不安定核を生成し，エネルギー減衰板でエネルギーを落とした後に高周波イオンガイドのガスセル（Heを注入）に止める．不安定核はこのイオンガイドの中をドリフトし，高周波電場で収束され引き出される．その後段では，オンライン同位体分離装置の仕組みを利用して質の良い低速の不安定核ビームが得られる．

定核を生成する．前半部分は図 3.7 とまったく同じである．これをエネルギー減衰板でエネルギーを落とした後に，高周波イオンガイドガスセルと呼ばれるヘリウムガスを封入したセル（箱）に静止させる．このセルには図のように静電場がかかっていて，不安定核のイオンは図中右斜め 45 度に向かってヘリウム原子とぶつかりながらドリフトする．さらに高周波の電場を図の電極（リング状になっている）にかけると，不安定核のイオンが壁に付着されることなく右上の出口に導かれる [12]．ここまで来ると，ちょうどオンライン同位体分離装置のイオン源のような役割を果たすので，後はオンライン同位体分離装置の質量分析器より後段のやり方で分離，再加速すればよい．なお，質量分析器より後段は図 3.9（オンライン同位体分離装置）と同じであることに気付くだろう．

　オンライン同位体分離装置の難点はイオンを取り出すところであった．その部分はガスセルにしてイオンが通過する時間を短くし，さらに高周波電場の収束効果を利用して，短寿命の不安定核でも効率よく取り出せるようにしたのである．また，不安定核の生成まではインフライト型不安定核分離装置の長所（速く，あらゆる Z の不安定核を生成できる）を利用し，イオンの取り出し後はオンライン同位体分離装置の長所である高い分解能，選択性を利用する．こうして分解能の高い，低速の不安定核ビームが，効率よく生成できる．理研では実際にこの方式の開発が和田らによって続けられ，2014 年には RIBF に SLOWRI と呼ばれる装置が完成した．また，同じ原理を使った施設が MSU でも一部完成し，稼働し始めた．もしかすると，10 年後にはこの方式が不安定核ビーム生成の主流になっているかもしれない．

第4章 中性子ハロー

　中性子ハローとはどのような特徴をもつのであろうか. 図 4.1 は, 中性子ハロー核（中性子ハローを有する中性子過剰核）の代表例である ^{11}Li と ^{11}Be の模式図を示したものである. ^{11}Li はコンパクトなコア（^{9}Li）のまわりに, 2 個の中性子が薄い雲のように大きく広がる二重構造をしている. ^{11}Be の場合はコアは ^{10}Be で, そのまわりを 1 個の中性子が薄い雲のように広がっている. この低密度の中性子雲の部分が中性子ハローである. ハロー (Halo) とは日本語では「暈（かさ）」, あるいは「後光」と訳されるものである. 湿度の高いときに, 月や太陽にうっすらと大きな輪が取り巻いているように見えることがあるが, これが暈である. また, キリスト教では, 宗教画などに見られるように, 聖なる者のしるしとなるリング状の光のことを指す. なお, ^{11}Li は「コア + 2 中性子からなるハロー」なので 2 中性子ハロー核, ^{11}Be は「コア + 1 中性子からなるハロー」なので 1 中性子ハロー核と呼ばれる.

　中性子ハロー核は, 1 個ないし 2 個の中性子がコア核の外側を飛び回ってい

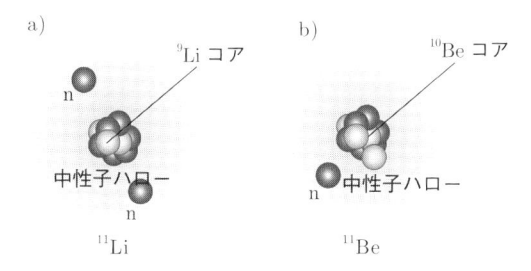

図 4.1　a) 代表的な 2 中性子ハロー核 ^{11}Li の模式図. 飽和した密度をもつコンパクトな ^{9}Li コアのまわりに 2 個の中性子でできた薄い密度の中性子ハローが取り巻いている. b) 代表的な 1 中性子ハロー核 ^{11}Be の模式図. ^{10}Be コアのまわりに 1 個の中性子でできた中性子ハローが取り巻いている.

て，見かけ上，原子核というより原子（原子核のまわりに電子がまわっている系）のようにも見える．しかし，ハロー中性子は長距離力の電磁気力で束縛しているのではなく，到達距離がコアの半径にも満たない**核力**で束縛している．つまり，ハロー中性子はコア核の核力の到達距離を大きく超えた**古典的な禁止領域に，中性子の波動関数が大きい割合で存在する**のである．

中性子ハロー核の重要な特徴として，**大きな半径と密度の飽和性の破れ**が挙げられる．原子核は，半径が $R = r_0 A^{1/3}$ で表され，密度がほぼ一定（$\rho_0 \approx 0.17$ 個/cm^3）で核子をこれ以上詰め込むことのできないほど密に詰め込まれた状態であるとされてきた（飽和性）．しかし，^{11}Li のハロー部分の広がりは，平均半径が ^{208}Pb の大きさにも匹敵するほどで，中性子密度は，飽和した標準核密度の 3–4 桁程度も小さい．**原子核のサイズはどこまで大きくなれるのか**，という問いがあるが，ハローのサイズは，理論上，無限大まで許される．

最初に発見されたハロー核は^{11}Li である．その構造は，1980 年代の後半から 1990 年代初めにかけての一連の実験で徐々に明らかにされた．まず相互作用断面積の測定から^{11}Li の巨大な半径が明らかになり，続いて ^{9}Li コア核の運動量分布，クーロン分解断面積，電気四重極モーメントが測定され，ハロー核の「コア＋ハロー」という二重構造の描像が確立した．2000 年代以降には，アイソトープシフトの測定により電荷分布半径が精密に決まり，コアの半径が定量的に求められた．さらにクーロン分解反応でソフト双極子励起と呼ばれるハローに特有の電気双極子励起の直接測定によって，ハロー中性子の殻模型上での軌道，配位やダイニュートロン構造の兆候など，^{11}Li の微視的な構造がかなり明らかになってきた．

図 4.2 に示すように，中性子ハローは，これまで**中性子ドリップライン近傍の軽い中性子過剰核**にみつかっている．なお，陽子過剰核 ^{8}B や ^{17}Ne には「陽子ハロー」がみつかっているが，中性子ハローほどの振幅がないので，ハローの特徴が顕著に現れない．ハローは量子トンネル効果により核子がコアの外側にしみ出す現象なのだが，陽子の場合はクーロン障壁があるのでハローが発達しにくいためである．

一方，重い原子核におけるハロー構造は，実験的な難しさもあって，ほとんどわかっていない．現在，小林信之と筆者らの実験によって確認されたマグネシウム同位体（$Z = 12$）の ^{37}Mg が，実験的に示された最も重いハロー核である．重い原子核は，軽い原子核と異なりさまざまな配位が混合するため，ハローが発達しにくいという説と，逆に中性子数を増やすことができるのでハローが発

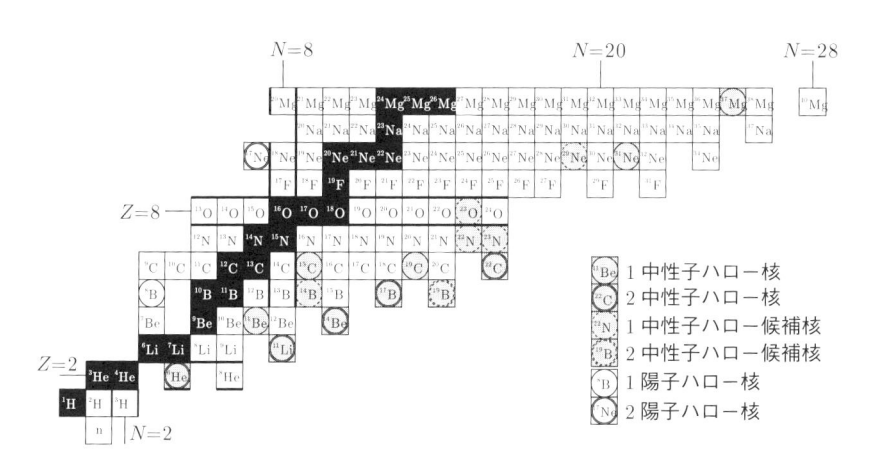

図 4.2　現在実験的に確認されているハロー核を核図表上に示した．相互作用断面積の増大とコア核の運動量分布が狭いという 2 つのハローの条件が満たされているものをハロー核とした．

達しやすく，4 個以上の中性子が「巨大ハロー」を形成するという説もある．

　また，2 中性子ハロー核は，3 体系（2 中性子＋コア）という少数量子系の物理としての興味がある．^{11}Li より 1 個中性子の少ない ^{10}Li（すなわち ^{9}Li$+n$）は束縛状態としては存在せず，図 4.2 に示すように ^{10}Li の位置は空席になっている．また $n+n$（2 中性子系）も束縛状態をもたない．つまり ^{11}Li は 3 体系になって初めて束縛する原子核で**ボロミアン核**と呼ばれる．ボロミアンいうのは 3 つの輪が図 4.3 のように絡んでいる幾何学的模様を指す．1 つの輪が切れると残りの 2 つの輪は絡んでおらず離れてしまうという性質をもっている．数学ではこのような幾何学的位相をもつ 3 つの輪をボロミアン環と呼ぶそうである[1]．ボロミアン核が束縛系として成立するには，3 体系で安定化する仕組みが必要である．中性子ハローを構成する 2 個の中性子は何らかの強い対相関が働いて 3 体束縛系を作っているのかもしれない．その候補として，低密度下で束縛した 2 中性子系のように振る舞う**ダイニュートロン相関**がある．今のところ直接的証拠は得られていないが，その兆候を示すデータも出ている．

　ハロー核は**中性子分離エネルギーが極めて小さく**，核図表上の束縛限界（ド

---

[1] ボロミアンという言葉は北イタリアのボロミア家が由来である．ボロミア家では，実際にボロミアン輪の紋章が武具などに使われていたらしい．日本でも，こうした幾何学的位相をもつ 3 つの輪の家紋が見られる．

図 4.3　ボロミアン輪．3 つの輪は絡んでいて離れることがない．しかし，任意の 1 つの輪を一旦切り離すと，残りの 2 つの輪は絡んでおらず自由に離れることがわかる．^{11}Li のような 2 中性子ハロー核は ^{9}Li+n，$n+n$ という 2 体では束縛できないが，3 体となると束縛できるのでこのボロミアン輪と同じ性質をもっている．

リップライン）近傍に存在する．核物理の基本的問題として，**原子核には中性子を何個まで付け加えることができるか，つまり中性子ドリップラインはどこにあるのか**，という問いがある．2.2.4 項で触れたように，これは単純に核力だけによって決まるのではなく，多体相関（多体効果による安定化）が関与する．そのため複雑だが，その分興味深い．例えば，中性子ハローという構造そのものや，ダイニュートロン相関によって，原子核がより安定になる可能性がある．そうだとすると中性子ハローが中性子ドリップラインの位置を決める鍵となっているかもしれない．

ハロー核の興味は基底状態にとどまらない．コア+ハローという二重構造，弱束縛，巨大な半径という特異性をもつハロー核が，いかに励起し，他の原子核と反応するのか，というダイナミックな物理的側面も興味深い．例えば，ハローが存在することによって，核融合反応の断面積が増大するのか，逆に減少するのかという問題はいまだに解決していない．

さらには，ハロー核の反応が，宇宙での元素合成，例えば中性子過剰核を経由する r プロセスでも重要な役割を果たす可能性がある．r プロセスというと重い中性子過剰核に目が向きがちであるが，最近の研究では，この元素合成過程がばらばらになった核子や α 粒子から始まり，軽い領域では中性子ドリップライン近傍を通過すると考えられているのである [1]．また後で触れる ^{15}C の実験のように，通常の天体中での中性子捕獲反応率に影響を及ぼすこともある．さらに，中性子ハローは，中性子だけでできた中性子物質の核表面とみなせるので，中性子超流動状態など，中性子星の性質を探るうえでも重要である．

本章では，こうしたさまざまな興味深い側面をもつ「中性子ハロー」に焦点

をあてて，その物理を議論する．まず 4.1 節で中性子ハローがどのようにして発見されたのかを紹介する．次に 4.2 節，4.3 節では，中性子ハロー構造の特徴や形成のメカニズムを，簡単な理論を使って 1 中性子ハロー核，2 中性子ハロー核に分けて説明する．4.4 節では，筆者らが行ってきた「クーロン分解反応」によるハロー核の実験をいくつか紹介する．ハロー特有の性質がこの反応によってどのように現れ，またこの反応がどのようにハロー構造のプローブとして用いられたかを解説する．不安定核の研究は「実験手法（プローブ）」が開発されて，特徴ある構造や反応が解明されるという流れで進展してきたが，ハローの研究はまさにその典型例である．

4.1　中性子ハローの発見

ここでは中性子ハロー発見の鍵となった ^{11}Li の相互作用断面積の測定と，コア核 ^{9}Li の運動量分布の測定を紹介し，^{11}Li がどのような実験を通じてハロー核として確立していったのか，また，その基本的性質について見ていくことにする．

4.1.1　相互作用断面積と異常な半径

1985 年，谷畑，小林俊雄らはローレンスバークレー研究所 (LBNL) の重イオン加速器 BEVALAC を用いて，軽い不安定核をビームとして核子あたり 790 MeV（光速の 84%）で炭素標的と衝突させ，不安定核の「相互作用断面積」(Interaction Cross Section, σ_I) を測定し，その「半径」を導出することに成功した．相互作用断面積とは，例えば ^{11}Li と ^{12}C の衝突であれば，^{11}Li が ^{11}Li 以外の原子核に変化する反応の断面積のことである．

一般に，標的核との衝突後，入射核も標的核も基底状態のままとどまる反応過程を「弾性散乱」(Elastic Scattering)，入射核や標的核がその束縛励起状態に遷移する過程を「非弾性散乱」(Inelastic Scattering) と呼び，ここではそれぞれの断面積を σ_{el}, σ_{inel} と書く．また，弾性散乱以外の反応断面積の和は全反応断面積 σ_R，弾性散乱断面積と全反応断面積の和は全断面積 σ_{tot} である．これらの間の関係をまとめると，

$$\sigma_R = \sigma_{inel} + \sigma_I, \tag{4.1}$$

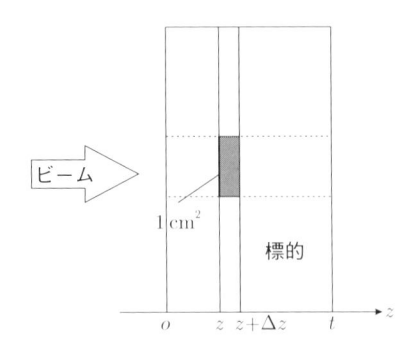

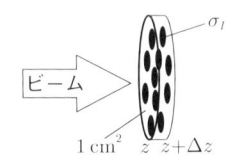

図 4.4 透過法による相互作用断面積の導出．入射核の流速（ビーム）が上図の厚さ t の標的に向かって流れてくるとき，$z \sim z+\Delta z$ の間に，その数が N から $N-\Delta N$ に変化したとする．1 cm^2 あたりで考えると上図の濃いグレーの部分の円筒を考えればよく[2]．この中には下図に示した円筒の拡大図ように σ_I の的が n 個存在して，減少率 $-\Delta N/N = n\sigma_I$ である．

$$\sigma_{tot} = \sigma_{el} + \sigma_R, \tag{4.2}$$

である．^{11}Li のこの実験の場合，$\sigma_{inel} \ll \sigma_I$ であるため，$\sigma_R \approx \sigma_I$ としてよい．

相互作用断面積は「透過法」という手法で測定され，これは現在でも不安定核の半径を測定する最も有効な手段の 1 つである．「透過法」を図 4.4 を用いて説明する．標的の厚みを t cm とし，ビームの進行方向を z 軸として，標的中 $z \sim z+\Delta z$ の間での反応を考えてみる．断面積というのは 1 つひとつの標的核に付随した「的」の面積と考えればよい．つまり，進んでくる入射核から見れば進行方向に σ_I の面積をもった「的」が標的核の原子数分並んでいるように見える．断面が 1 cm^2，奥行 Δz cm の円筒（図 4.4（上）の灰色部分，同（下）の拡大図）の中には，密度を ρ g/cm^3 として，

$$n = \frac{N_A \rho \Delta z}{A} \quad \text{個}, \tag{4.3}$$

---
[2] わかりやすいので単位面積 1cm^2 を用いたが，実際には任意の面積に対してここでの議論が成り立つ．

の原子（的）が存在する．N_A はアボガドロ数（6.02×10^{23} 個），A は標的核の質量数である．すなわち，入射核から見ると断面 1 cm^2 の円筒を通過する際に n 個の的が見えるので，$n\sigma_I \text{ cm}^2/1 \text{ cm}^2$ の確率で反応が起こることになる．円筒に入る前の入射核の個数を N，円筒中で dN 個の入射核が反応により失われるとすると $-dN/N$ が反応率（減少率）なので，

$$-\frac{dN}{N} = \frac{\rho}{A} N_A \sigma_I dz. \tag{4.4}$$

ここで Δz は十分小さいとして dz と置き換えた．ここから，

$$N = N_0 \exp(-\sigma_I N_t), \tag{4.5}$$
$$\sigma_I = -\frac{1}{N_t} \ln \frac{N}{N_0}, \tag{4.6}$$

が導かれる．なお，N_t は標的の断面 1 cm^2 あたりの原子数で，

$$N_t = \frac{N_A \rho t}{A}, \tag{4.7}$$

である．また，N_0 は標的に入る前の入射核の個数，N は標的通過後に生き残る入射核の個数である．実験では，この N_0 と N を測定すればよい[3]．

次に，相互作用断面積 σ_I がどのように核半径と関係づけられるのかを考える．まずは簡単のために図 4.5 に示すように ^{11}Li も ^{12}C も黒い球であると考え，^{11}Li の球が ^{12}C の球に向かって直線上を動き衝突するとする．^{11}Li （入射核，Projectile，P と略す）の半径を $R_I(P)$，^{12}C （標的核: Target，T と略す）の半径を $R_I(T)$ とする．入射核の軌跡はエネルギーが十分高いので直線とみなし，その直線と標的核の中心との距離を b とする．この b は衝突係数と呼ばれる．$b \leq R_I(P) + R_I(T)$ の場合は 2 つの球は必ず衝突し，逆に $b > R_I(P) + R_I(T)$ の場合はかすりもしない．

ここで「黒い」とは通過時に 2 つの球の重なりがあれば必ず反応が起こるという意味で，核力が短距離力なので比較的良い近似になっている．黒球の近似で $P + T$ 反応における相互作用断面積 σ_I は

$$\sigma_I(P+T) = \pi \left(R_I(P) + R_I(T) \right)^2, \tag{4.8}$$

---
[3] 実際には標的以外の物質との反応の寄与も考慮する必要がある．標的を外して測定したときの非反応率を r_0，標的を入れたときの非反応率を $r = N/N_0$ とすると $\sigma_I = -1/N_t \ln(r/r_0)$ である．

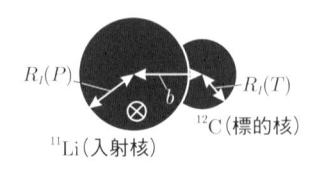

図 4.5 相互作用断面積と相互作用半径の関係．入射核 (^{11}Li) が紙面に垂直な方向に進み標的核 (^{12}C) と衝突するとする．衝突係数を b，入射核の半径を $R_I(P)$，標的核の半径を $R_I(T)$ とすると，$b \leq R_I(P) + R_I(T)$ のとき入射核を壊す反応が起こる．

と書ける．R_I は相互作用半径 (Interaction Radius) と呼ばれ，原子核を黒球とみなしたときの半径である．この式から，相互作用断面積を測定することで R_I を簡単に導出できることがわかる．実際，この実験で得られた ^{11}Li の相互作用半径は $R_I(^{11}\text{Li}) = 3.14 \pm 0.16$ fm であり，コア核の $R_I(^9\text{Li}) = 2.41 \pm 0.02$ fm や質量数の近い安定核 ^{12}C の相互作用半径 $R_I(^{12}\text{C}) = 2.61 \pm 0.02$ fm に比べて 20–30% も大きいことがわかった．

以上では相互作用断面積を黒球の模型で考えていたが，現実の原子核はフェルミ分布関数で近似されるような密度分布をもつので，中心付近は黒い（反応率 100%）が，表面付近は反応率が 100% とはならず半透明となる．このような状況を取り扱うにはグラウバー近似による解析が有効である．すなわち，反応する入射核，標的核の密度分布を仮定して全反応断面積 (σ_R) を計算し，これを相互作用断面積 σ_I の実験結果と比較するという方法である．上でも述べたように，良い近似で $\sigma_R \approx \sigma_I$ なので，密度分布の半径パラメータなどを変えながら，σ_I の実験結果を説明する最適の密度分布を求めると入射核の平均二乗根半径 $R_{rms} \equiv \sqrt{\langle r^2 \rangle}$ が導出できるのである．

なお，原子核の平均二乗半径 $\langle r^2 \rangle$ は，核内の核子密度分布関数 $\rho_N(r)$，あるいは個々の核子の密度分布関数 $\rho_i(r_i)$ を用いて

$$\langle r^2 \rangle = \frac{\int r^2 \rho_N(r) d\boldsymbol{r}}{\int \rho_N(r) d\boldsymbol{r}} = \frac{\sum_{i=1}^{A} \int r_i^2 \rho_i(r_i) d\boldsymbol{r}_i}{A} = \frac{\sum_{i=1}^{A} \langle r_i^2 \rangle}{A}, \quad (4.9)$$

と表され，その平方根が R_{rms} である．

ここで，グラウバー近似の概略を説明する．σ_R は衝突係数 b の関数であるプロファイル関数 $T(b)$ を用いて

4.1 中性子ハローの発見

$$\sigma_R = \int [1 - T(b)] 2\pi b db, \qquad (4.10)$$

と書ける．$T(b)$ は透過率，つまり透明度であり，図 4.6(a) に示すように，b が十分小さいときには $T(b) = 0$（黒），一方 $b = R_I(P) + R_I(T)$ では半透明で，さらに b が十分大きくなれば $T(b) = 1$（透明）になる．$T(b)$ は，入射核，標的核それぞれの密度分布 ρ_P，ρ_T と，図 4.6(c) に示す核子-核子散乱の全断面積 σ_{ij} ($i, j = p, n$) を用いて，

$$T(b) = \exp\left[-\sum_{i,j=p,n} \sigma_{ij} \int d\boldsymbol{s}\, \bar{\rho}_T^i(s)\bar{\rho}_P^j(|\boldsymbol{s} - \boldsymbol{b}|)\right], \qquad (4.11)$$

$$\bar{\rho}_{T(P)}^i(s) = \int_{-\infty}^{\infty} dz\, \rho_{T(P)}^i(\sqrt{s^2 + z^2}), \qquad (4.12)$$

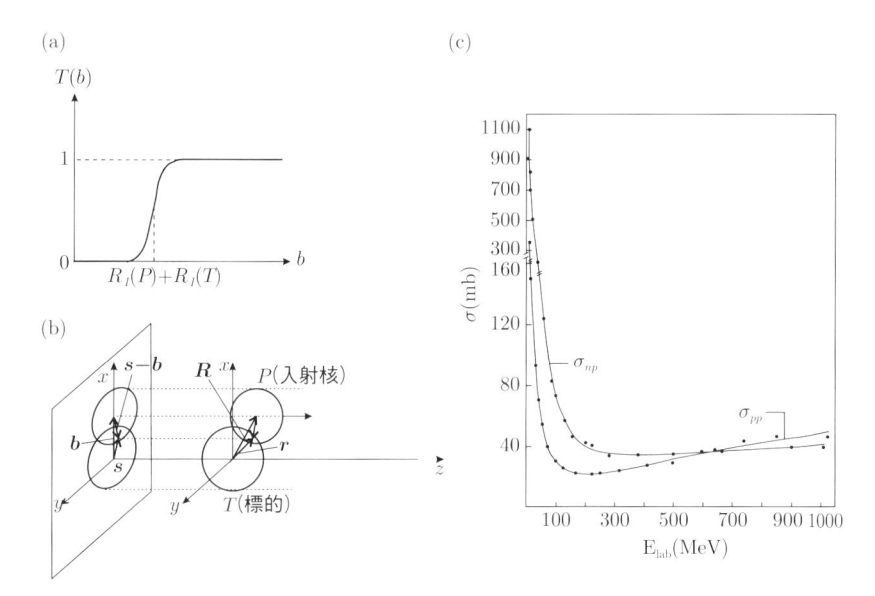

図 4.6 (a) プロファイル関数 $T(b)$ の概念図．b が小さいときは透過しないが ($T(b) = 0$)，b が大きいとき ($T(b) = 1$) は完全に透過する様子が見て取れる．(b) $T(b)$ の計算の概念図．入射核と標的核の核子密度分布を xy 平面に射影し，その重なりを計算する．(c) 核子-核子散乱の断面積．σ_{pp} は陽子-陽子散乱，σ_{np} は中性子-陽子散乱．σ_{nn} はアイソスピンの対称性から σ_{pp} と等しいとしてよい．図は文献 [13] より転載 *)．

---

*) Reprinted figure with permission from [13] Copyright (1990) by the American Physical Society.

と書ける．これらの式を図 4.6(b) を用いて説明する．入射核 (P) は $+z$ 方向に走っており，標的核 (T) と衝突する．式 (4.12) のように，まず P, T それぞれの密度分布を z 軸方向に積分して xy 平面に射影する．3 次元空間で標的中心から r の位置について見ると，この xy 平面への射影が s，また標的中心から見た入射核の中心へのベクトル R の射影が b でこれは衝突係数ベクトルに他ならない．ここで b は x 軸上にとってある．式 (4.11) のように，xy 平面上に射影された P, T の密度分布で重なった部分を積分し，これと核子-核子散乱の断面積との積をとれば反応率となる．実際には，P, T について陽子密度分布，中性子密度分布を別々に考え，pp, pn, np, nn の組み合わせに分けて積分を計算し，和をとる．$T(b)$ は，式 (4.5) と同様に指数関数で表される．これらの式は，入射核の密度分布 ρ_P が全反応断面積 σ_R (したがって相互作用断面積 σ_I) に直結することを示している．

図 4.7 (左) には相互作用断面積とグラウバー計算の結果得られた平均二乗根半径 R_{rms} の結果を示す．^{6,8}He, ^{11}Li, ^{11}Be, ^{14}Be はまわりの原子核に比べて

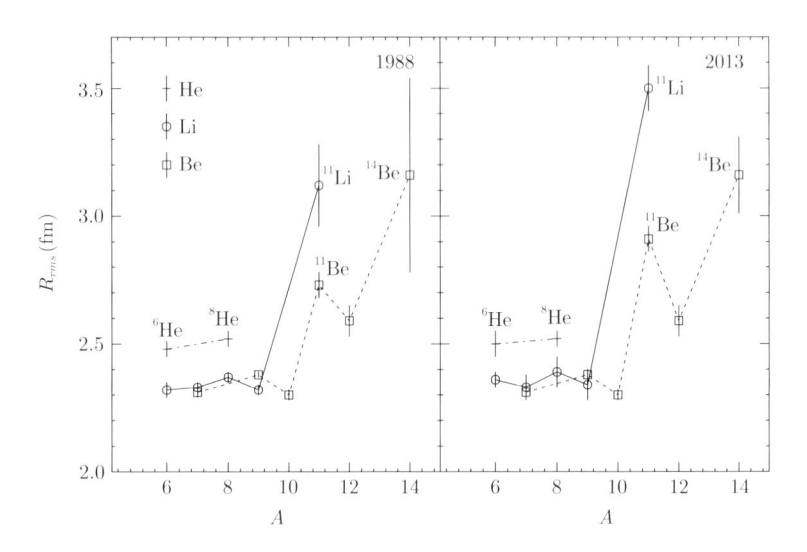

図 **4.7** 相互作用断面積の測定より得られた He, Li, Be の中性子過剰核の平均二乗根半径．左) 谷畑らによる初期の実験 (1985, 1988) で得られた平均二乗根半径 [14,15]．右) 2013 年時点での平均二乗根半径の値 [16]．最近の実験や核反応理論の進展が取り込まれ，誤差が小さくなるとともに，^{11}Li や ^{11}Be の半径はさらに大きいと再評価された．

半径が明らかに大きい．^{11}Li の平均二乗根半径は $R_{rms}(^{11}\text{Li}) = 3.27 \pm 0.24$ fm で，コアの平均二乗根半径 $R_{rms}(^9\text{Li}) = 2.43 \pm 0.02$ fm [14] よりはるかに大きい．図 4.7（右）には 2013 年時点で評価されている R_{rms} を示す．この再評価 ($R_{rms}(^{11}\text{Li}) = 3.50 \pm 0.09$ fm, $R_{rms}(^9\text{Li}) = 2.32 \pm 0.02$ fm) [16] では誤差が小さくなる一方，その差がさらに大きくなっている．

ハローという現象が定かでなかった当時，相互作用断面積で判明した ^{11}Li の半径増大の原因は謎のままであった．原子核が全体として膨らんでいるのか，それともハロー描像のように，一部の中性子の分布が原子核の半径を大きくしているのかが問題となった．また，楕円体のように変形すると長軸の半径が大きくなり，見かけ上半径が大きくなることで相互作用断面積が増大するのではないかとも考えられた．こうした問に答えるには他のプローブの登場が必要であった．

4.1.2　ハンセンとヨンソンによる推論 – 中性子ハロー

デンマークのハンセンとスウェーデンのヨンソンは，相互作用断面積の測定で明らかとなった ^{11}Li の大きな半径を説明するべく，以下のような推論を行った [17]．まず，^{11}Li の 2 中性子分離エネルギー S_{2n} が極めて小さいこと（当時知られていた値は $S_{2n} = 190 \pm 110$ keV，最新の値は 369.28 ± 0.64 keV）に着目した．安定核では 1 中性子分離エネルギー (S_n) が 8 MeV 程度なので，2 中性子分離エネルギーではその 2 倍 ($S_{2n} \sim 16$ MeV) にもなる．^{11}Li の $S_{2n} \sim$ 数 100 keV は，安定核の S_{2n} の 1/100 程度しかない（**弱束縛性**）．また，^{11}Li は，^{9}Li+n や n+n では束縛できず，^{9}Li+n+n のように 3 粒子が集まって初めて束縛するボロミアン核である．つまり ^{9}Li を媒介にして 2 個の中性子がより深く束縛するような，特別な束縛メカニズムが必要となる．ハンセンらは 2 個のハロー中性子を 1 つの固まった粒子，ダイニュートロン "(nn)" として扱い，これが 1 体場中で束縛状態となっていると仮定して井戸型ポテンシャルを使った簡単な計算を行った（ダイニュートロン模型）[4]．その結果，下記のように，S_{2n} が非常に小さい ^{11}Li では，ハロー中性子の波動関数が大きく空間的に広がりうることを示した．

ハンセンたちが行ったように ^{11}Li を ^{9}Li+(nn) で表されるとして，ハロー中

---

[4] ダイニュートロンについては 4.3.1 項で詳しく述べる．ハローにおけるダイニュートロンはまだ確立してはいないが，ここでは便宜上 nn が固まっていると仮定している．

性子の空間的な広がりを見積もってみよう．3次元での動径方向のシュレーディンガー方程式は，波動関数を $R(r)$ とし，$R(r) = u(r)/r$ とおくと，

$$-\frac{\hbar^2}{2\mu}\frac{d^2 u(r)}{dr^2} + \left[V(r) + \frac{\ell(\ell+1)\hbar^2}{2\mu r^2}\right]u(r) = Eu(r), \tag{4.13}$$

である．ここで r は ^{9}Li の重心と (nn) の重心の間の距離を表し，μ は ^{11}Li を ^{9}Li+(nn) としたときの換算質量，すなわち，

$$\mu = \frac{m_h m_c}{M}, \tag{4.14}$$

である．ここで M, m_h, m_c はそれぞれ ^{11}Li, nn(halo), ^{9}Li(core) の質量である（$M = m_c + m_h$）．軌道角運動量 ℓ を含む最後の項はいわゆる遠心力ポテンシャルであるが，ここでは $\ell=0$（s 状態）と仮定して無視する．井戸型ポテンシャルは，半径 R_0 の内側では $V(r) = -V_0$，外側では $V(r) = 0$ である．エネルギー固有値が $E = -S_{2n}$ であることに注意して微分方程式 (4.13) を解くと，解は，

$$u(r) = \begin{cases} C_1 \sin\eta r & r \leq R_0, \\ C_2 \exp(-\kappa r) & r > R_0, \end{cases} \tag{4.15}$$

となる．ここで

$$\eta = \sqrt{\frac{2\mu(V_0 - S_{2n})}{\hbar^2}}, \tag{4.16}$$

$$\kappa = \sqrt{\frac{2\mu S_{2n}}{\hbar^2}}, \tag{4.17}$$

であり，C_1，C_2 は R_0 での境界条件で決まる．

さて，ここで注目したいのはポテンシャル境界の外側 ($r > R_0$) での波動関数 $R(r)$，および密度分布 $\rho(r)$ である．すなわち，

$$R(r) = \frac{u(r)}{r} = C_2 \frac{\exp(-\kappa r)}{r}, \tag{4.18}$$

$$\rho(r) = C_2^2 \frac{\exp(-2\kappa r)}{r^2}. \tag{4.19}$$

つまり，波動関数の広がりは $\sim 1/\kappa = \hbar/\sqrt{2\mu S_{2n}}$ 程度で，^{11}Li の場合これが約 5.9 fm にも及び，^{9}Li の $R_{rms}(^9\text{Li}) = 2.32 \pm 0.02$ fm の倍以上になっている．

なお，5.9 fm というのは，コアとハローの平均二乗距離の平方根であり，相互作用断面積より求めた $R_{rms}(^{11}\text{Li}) = 3.5$ fm より大きくなる．実際，式 (4.9) より，R_{rms}^2 と，コア内の核子の平均二乗半径 $\langle r^2 \rangle_c$，ハローの 2 中性子の平均二乗半径 $\langle r^2 \rangle_h$ の間には，以下の関係があることがわかる．

$$R_{rms}^2 = \langle r^2 \rangle = \frac{m_c \langle r^2 \rangle_c + m_h \langle r^2 \rangle_h}{M}. \tag{4.20}$$

$\sqrt{\langle r^2 \rangle_c} = R_{rms}(^9\text{Li}) = 2.32$ fm，$R_{rms}(^{11}\text{Li}) = 3.5$ fm を入れると $\sqrt{\langle r^2 \rangle_h} = 6.6$ fm となり，上記の粗い評価 (5.9 fm) でもそこそこ合っていたことがわかる[5]．

4.1.3 コア核の運動量分布と中性子ハロー

ハンセンらは簡単な計算から ^{11}Li の相互作用断面積の増大を説明しようとした．しかし，実験的には ^{11}Li の「^{9}Li+2 中性子ハロー」という構造はいまだ証明されていない状況にあった．つまり，2 個の価中性子[6]の波動関数を直接調べる必要があった．これを最初に実現したのが 1988 年の小林俊雄らによる ^{11}Li の核力分解反応の実験である．実験はやはりバークレー (LBNL) の BEVALAC 加速器を用いて，核破砕反応で生成された ^{11}Li を二次ビームとしたものであった．^{11}Li を炭素標的に核子あたり 790 MeV で衝突させ，中性子 2 個を抜き取るという核力分解反応の一種「2 中性子分離反応」を引き起こし，放出される ^{9}Li を測定した．画期的だったのは ^{9}Li の運動量分布から抜き取られた 2 個の中性子の波動関数の情報を引き出したことである．

2 中性子分離反応の概念図を図 4.8 に示す．ここでは簡単のため ^{11}Li をダイニュートロン模型で示した．図より，2 中性子分離反応は 3.1.1 項で示した核破砕反応の一種であることがわかる．つまり，図のように 2 中性子のみが ^{12}C と衝突し，反応に関与し（参加者），^{9}Li コアは反応に関与しない傍観者となっている．そうすると，3.1.3 項で示したように傍観者はもともとの核内でのフェルミ運動の情報を保持する．この図にあるように，^{11}Li の重心系で見ると ^{9}Li の運動量 $\boldsymbol{P}(^9\text{Li})$ とダイニュートロン（2 中性子系）の運動量 $\boldsymbol{P}(nn)$ は，衝突前，

---
[5] 厳密には，さらにコアの重心と核全体の重心とのずれの効果を入れる必要があるが（10%程度），ここでの議論にはほとんど影響しない．
[6] 原子核を，不活性部分（コア）と価核子とに分け，核構造を価核子の振る舞いで記述することが多い．通常，中性子ハロー核ではハロー部分が価核子になり，殻模型では閉殻を不活性としてその外側にある核子を価核子とする．

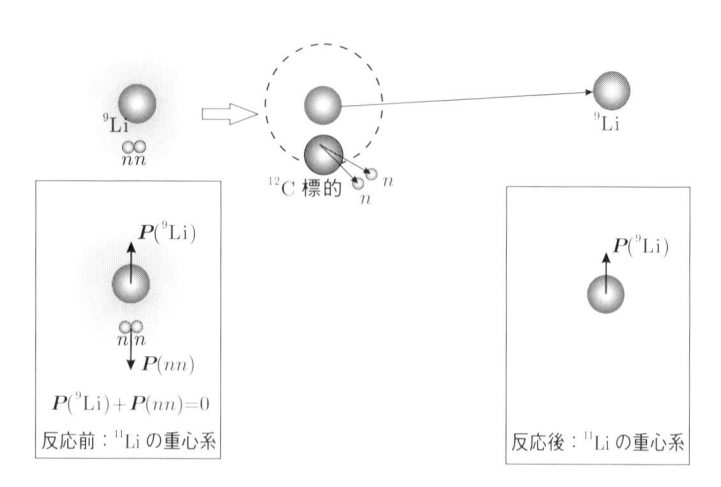

図 4.8 ^{11}Li + C → ^{9}Li + X 反応（2 中性子分離反応）の概念図．外側の 2 中性子のみが C 標的と衝突し大きく散乱される（参加者）．一方の ^{9}Li はほとんど C 標的の影響を受けない傍観者となる．反応の前後で ^{11}Li の重心系で見た ^{9}Li の運動量 $\boldsymbol{P}(^9\text{Li})$ はほとんど変化しないことから，$\boldsymbol{P}(^9\text{Li})$ の測定により反応前の 2 中性子の運動量 $\boldsymbol{P}(nn)$ の分布が推定できる．

$$\boldsymbol{P}(^9\text{Li}) + \boldsymbol{P}(nn) = \boldsymbol{0}, \tag{4.21}$$

の関係をもっていたはずである．反応により，2 中性子が切り取られた後にも，^{9}Li の ^{11}Li 重心系での運動量はほぼ $\boldsymbol{P}(^9\text{Li})$ である．したがって，反応後の ^{9}Li の運動量分布の測定から反応前の 2 中性子系の運動量分布が推定できる．

実験では，図 4.9(b) のように ^{11}Li+C 反応における ^{9}Li の横方向運動量分布が求められた．なお，横方向運動量というのはビーム進行方向に垂直な運動量成分 ($P_\perp$) のことである．$\boldsymbol{P}(^9\text{Li}) = (P_x, P_y, P_z)$ とすると，P_x ないし P_y が $P_\perp$ に相当する．なお，横方向運動量は実験室系と ^{11}Li の重心系とで変わらない．

こうして得られた ^{9}Li の運動量分布（図 4.9(b)）は驚くほど狭い．実際，この運動量分布を 2 成分のガウス分布でフィットすると，狭い成分は $\sigma = 23 \pm 5$ MeV/c で，式 (3.1) のゴールドハーバー模型の σ_0 換算では $\sigma_0 = 17 \pm 4$ MeV/c となる．つまり，安定核の核破砕反応で知られている $\sigma_0 \sim 90$ MeV/c の約 20% 程度と，非常に小さいことがわかる．また，^{8}He+C 反応で放出される ^{6}He の運動量分布（図 4.9(a)）と比べても狭い．運動量分布が狭いとはどういうことだろうか．^{9}Li の運動量分布は反応前の 2 中性子の運動量分布と同じ分布のはずなので，^{11}Li 中で 2 個の中性子が小さい運動量をもっていたということを意味

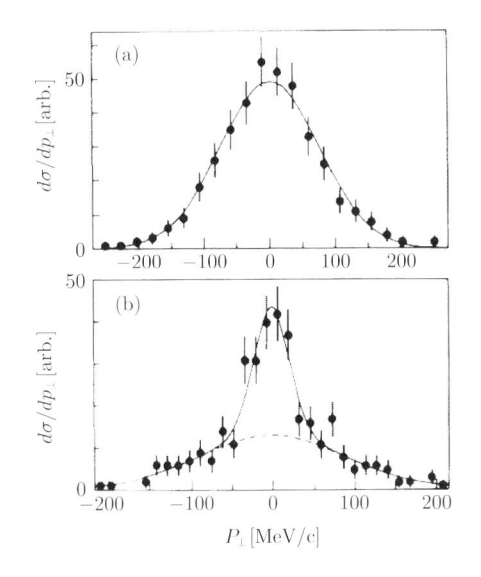

図 4.9 (a)^{8}He+C 反応で放出された ^{6}He の横方向運動量分布. (b)^{11}Li+C 反応で放出された ^{9}Li の横方向運動量分布. フィッティングの曲線はガウス分布を仮定したもの. (b) では 2 成分のガウス分布を仮定している. 図は文献 [18] から転載 [*].

する.

2.3.1 項で見たように, 核子は原子核中でフェルミ運動をしている. すなわち, 本来ならば, 核子は平均運動量 230 MeV/c (光速の 20%) 程度とかなりの高速で運動しているのだが, この実験で明らかになったのは, ^{11}Li の中で運動している 2 個の中性子の運動量はその 1/10 程度であるということである. ハイゼンベルグの不確定性原理 $\Delta P \cdot \Delta r \sim \hbar$ を適用すると, 2 中性子の ΔP が小さいということは Δr, すなわち波動関数の空間的な広がりが大きいということを意味する. したがって, ^{11}Li の相互作用断面積の測定から得られた異常に大きな半径は, 中性子密度分布の空間的な広がりによるものと結論づけられる. つまり, ハンセンらのハロー仮説が正しかったことになる. 一方, 2 個の中性子だけが小さい運動量をもつので, 強い変形や ^{11}Li 全体で大きくなるという描像は否定される.

ダイニュートロン模型 (^{9}Li+"nn") を用いると, 式 (4.18) に示したハローの

---

[*] Reprinted figure with permission from [18] Copyright (1988) by the American Physical Society.

波動関数から運動量分布 $f(P)$ が導出でき，

$$f(P) \propto \frac{1}{P^2 + (\hbar\kappa)^2}, \qquad (4.22)$$

のようにローレンツ分布となる．κ は式 (4.17) の値であり，分布の幅は

$$\Delta P \sim \hbar\kappa = \sqrt{2\mu S_{2n}} \sim \hbar/\langle r \rangle_h, \qquad (4.23)$$

である．不確定性関係で推定した通り，空間分布が広がる分，運動量分布は狭くなる．こうして，^{11}Li のハロー構造が確立した．

4.2 ハロー構造の基本 –1 中性子ハロー核

以上でハローの第 0 近似的な性質は示された．その後行われたクーロン分解反応やその他の直接反応，荷電半径の実験などで，ハローの物理はより定量的になり，微視的構造（殻構造や変形，ダイニュートロン相関）の解明へと研究の軸足が移ってきた．^{11}Be のような 1 中性子ハロー核の場合には，ハロー中性子の 1 粒子軌道がどうなっているのか，どのような角運動量をもっているのか，殻構造との関連はどうなっているのか，ハローは変形するのか，一方の 2 中性子ハロー核の場合には，対相関はどうなっているのか，ダイニュートロン相関は存在するのか，どうしてボロミアン核という構造をるのか，などの問いに答えていかなければならない．

この節と次節では，最近の実験研究（クーロン分解実験）への導入として，ハロー構造を理解するための基本的な理論的枠組みについて解説する．^{11}Be や ^{19}C などの 1 中性子ハロー核（コア+1 中性子）は 2 体系なので，構造が単純であり，より基本的である．この節ではまず 1 中性子ハロー核を取り上げる．

4.2.1 1 粒子模型による 1 中性子ハロー核

1 中性子ハローの形成は，コア + 1 中性子という模型で考えた 1 粒子模型で簡単に理解できる．すなわち，図 4.10（左）のようにコア (core) の重心から見た 1 個の中性子の重心の位置ベクトルを $\boldsymbol{r}_{cn}$ として，1 体場におけるこの中性子の振る舞いを見ればよい．なお，以下では $\boldsymbol{r} = \boldsymbol{r}_{cn}$ とし，相対座標 r につい

4.2 ハロー構造の基本 −1中性子ハロー核　69

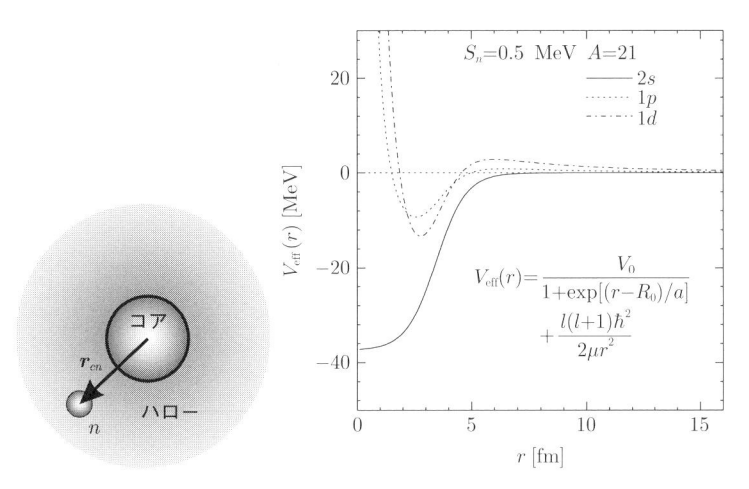

図 4.10 （左）1中性子ハロー核はコア + 1中性子のモデルで考える．$r_{cn}(=r)$ はコアの重心から見たハロー中性子の位置ベクトル．（右）有効ポテンシャル V_{eff}，すなわちウッズサクソンポテンシャル+遠心力ポテンシャルを r の関数として示したもの．$A=21$, $S_n=0.5\,\text{MeV}$ の原子核について $2s$, $1p$, $1d$ 軌道それぞれの場合を示した．

て中性子の波動関数，密度分布を見ていくことにする．

4.1.2項でハンセンらが ^{11}Li のダイニュートロンモデルで使った議論がここでもそのまま使える．ダイニュートロンが通常の1個の中性子に置き換わっただけである．つまり，動径方向の波動関数 $R(r)$ を $R(r)=u(r)/r$ とおいて，シュレーディンガー方程式

$$-\frac{\hbar^2}{2\mu}\frac{d^2u(r)}{dr^2}+\left[V(r)+\frac{\ell(\ell+1)\hbar^2}{2\mu r^2}\right]u(r)=Eu(r), \tag{4.24}$$

を解けばよい．μ はコア核と1中性子の換算質量である．

4.1.2項では $V(r)$ として井戸型を仮定したが，図4.10（右）のように現実的なウッズサクソンポテンシャルを使って数値的に解いてみる．ウッズサクソンポテンシャルは原子核の平均場（1体場）を記述する最も一般的なポテンシャルで，

$$V(r)=\frac{V_0}{1+\exp\left[(r-R_0)/a\right]}, \tag{4.25}$$

である．通常の原子核の密度分布がこれを正に反転したフェルミ分布関数の形をしていることから，短距離力で形作られる原子核の1体場がこの式のように

表せることが正当化される．ここで，R_0 はポテンシャルの深さが $V_0/2$ になる半径であり，コアの半径に相当する．また $\ell \geq 1$ つまり $p, d, f...$ 軌道の場合には遠心力ポテンシャルの項（式 (4.24) の最後の項）も効いてくる．遠心力ポテンシャルは正，すなわち斥力的で r^2 に反比例するため，引力のウッズサクソンポテンシャルとの和をとっても表面付近には斥力ポテンシャル障壁（遠心力障壁）が残る（図 4.10（右））．

例として $A = 21$（$A = 20$ のコア + 1 中性子）の原子核について，$E = -S_n = -0.5$ MeV，$\ell = 0, 1, 2$（それぞれ $2s, 1p, 1d$ 軌道）の場合のシュレーディンガー方程式を解いた結果，得られた動径波動関数を図 4.11（上）に示す．また対比のために，安定核を表す典型例として $S_n = 8$ MeV の場合を同図（下）に示す．例えば，$r = 10$ fm を見ると，有意に波動関数が広がっているのは $S_n = 0.5$ MeV の $2s$ 軌道の場合であり，これが中性子ハローである．ハローの形成には，遠心力障壁の影響を受けないように，軌道角運動量が小さいことも重要であることがわかる．

次に，波動関数の性質をもう少し詳しく見てみよう．まず r が大きく $V(r) = 0$

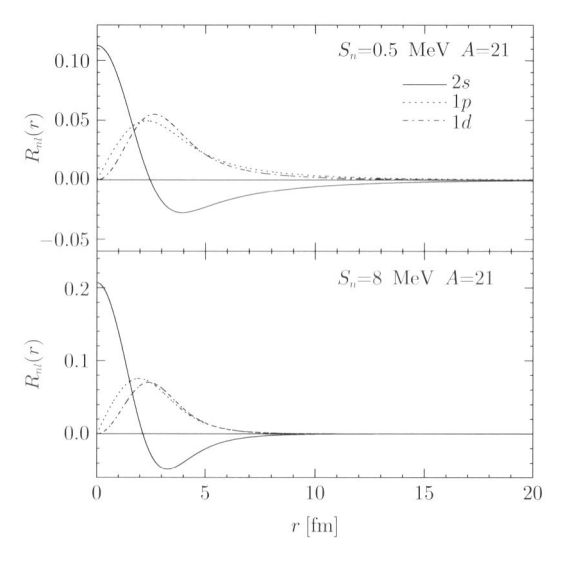

図 4.11　1 中性子の動径波動関数 $R_{nl}(r)$．$A=21$ の原子核をコア + 1 中性子とみなし，（上）$S_n = 0.5$ MeV，（下）$S_n = 8$ MeV について，それぞれ $2s$, $1p$, $1d$ 軌道の場合のシュレーディンガー方程式（式 (4.24)）を解いたもの．

4.2 ハロー構造の基本 –1 中性子ハロー核

とみなせる，いわゆる漸近的領域に着目する．ハローが存在すれば，この領域に現れるはずである．$V(r) = 0$ なので上記の微分方程式は解析的に解け，動径波動関数は第一種球ハンケル関数 $h_\ell^{(1)}(i\kappa r)$ に定数を掛けたものになる．κ は

$$E = -\frac{(\hbar\kappa)^2}{2\mu} = -S_n, \tag{4.26}$$

を満たし，$\kappa = \sqrt{2\mu S_n}/\hbar$ である．例えば，$\ell = 0$ について第一種球ハンケル関数は，

$$h_0^{(1)}(i\kappa r) = -\frac{1}{\kappa r}\exp(-\kappa r), \tag{4.27}$$

であり，ハンセンの議論で出てきた s 軌道の漸近的領域の解（式 (4.15)）と一致する．

次に数値的に得られた密度分布を定量的に見ていく．シュレーディンガー方程式の解より，密度分布は $\rho(r) = |R_{nl}(r)|^2$ として求まる．これを示したのが図 4.12 である．ここでも $S_n = 0.5$ MeV と，対比のために $S_n = 8$ MeV の場合を示した．$S_n = 0.5$ MeV で s 軌道の場合には，ポテンシャルの壁を超えて外に長い裾（ハロー）を引くことがわかる．また，$S_n = 0.5$ MeV の場合には，p, d

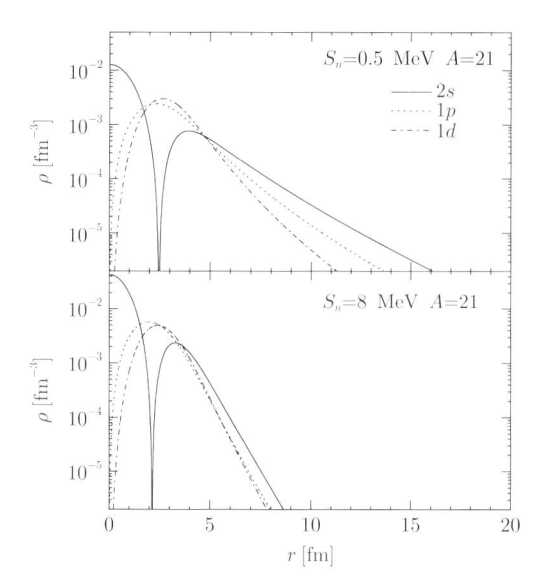

図 **4.12** ハロー中性子の密度分布．$A=21$ の原子核をコア + 1 中性子とみなし，（上）$S_n = 0.5$ MeV，（下）$S_n=8$ MeV について，それぞれ $2s$, $1p$, $1d$ 軌道の場合．

軌道の場合でも遠心力障壁の外に密度分布はやや伸びているものの，s 軌道ほどではない．

ここで，ハローが有意であるかどうかを，ハロー中性子の平均二乗根半径がポテンシャルの半径 R_0 に比べて有意に大きいかどうかで判別することにする．ハロー中性子の平均二乗半径は，

$$\langle r^2 \rangle = \int r^2 \rho(r) d\boldsymbol{r}, \quad (4.28)$$

と書け，平均二乗根半径 $\sqrt{\langle r^2 \rangle}$ は端的にハロー中性子の広がりを表している．図 4.13 にはシュレーディンガー方程式を S_n を変えながら解いて，平均二乗根半径を横軸縦軸ともに対数でプロットした．s 軌道と p 軌道の中性子の場合は，$S_n \to 0$ で平均二乗根半径が R_0 の 2 倍以上に大きくなり発散するが，d 軌道の場合には R_0 より少し大きい程度でそれ以上大きくならないことが見てとれる．実際，反応断面積の増大や運動量分布の減少，後述するクーロン分解反応断面積の増大といったハローに特徴的な物理現象は，s 軌道と p 軌道の中性子の場合には見られるが，d 軌道の場合には現れない．これまでみつかっている中性

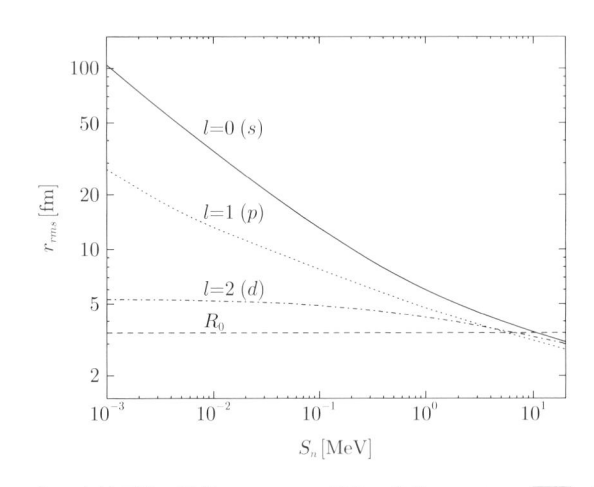

図 **4.13** コアと 1 中性子間の距離 $r (\equiv r_{cn})$ の平均二乗根 $r_{rms} (= \sqrt{\langle r^2 \rangle})$ を，$2s, 1p, 1d$ 軌道の 1 粒子軌道状態の場合について，それぞれ 1 中性子分離エネルギー S_n の関数として求めたもの（$A=21$ の場合の計算）．s, p 軌道の中性子の場合は半径が $S_n \to 0$ MeV に対して発散することがわかる．これがハロー現象である．一方 d 軌道の中性子はハローを形成しない．R_0 はウッズサクソンポテンシャルの半径．

子ハロー核は，ハロー中性子が s 軌道か p 軌道であるという条件を満たしているのである．

この1中性子ハローの考察から，ハロー形成のメカニズムは以下のように理解される．すなわち，S_n，ℓ が小さい場合に，ポテンシャルの壁（古典的な運動の限界）を超えて波動関数が大きくしみ出す量子トンネル効果なのである．後で述べる2中性子ハローの場合にも，基本的には同じように S_{2n}，ℓ が小さくなることによって中性子が平均ポテンシャルの外にしみ出す現象と捉えられる．

4.2.2 殻構造と1中性子ハロー

ここでは中性子ハロー核の殻構造を見て行くが，まずその前に，通常の原子核の殻構造を簡単におさらいしておこう．原子核は，2，8，20，28，50，82，126 という数（**魔法数**）の中性子数または陽子数で，その内側の殻がすべて埋まって**閉殻**になり，構造が安定化し，形は球形になり，励起しにくくなる．マイヤーとイェンゼンは，1体場中での核子の運動に，強いスピン軌道相互作用を導入することによって魔法数を説明することに成功し，この業績により1963年にノーベル賞を得ている．

安定核について知られている殻模型の軌道を図4.14に示す．1体場のウッズサクソンポテンシャルを3次元の調和振動子で近似すると，エネルギー準位は

$$E_N = \left[N + \frac{3}{2}\right]\hbar\omega = \left[2(n-1) + \ell + \frac{3}{2}\right]\hbar\omega, \quad (4.29)$$

と書ける（図4.14左）．ここで N は振動量子数で，n，ℓ はそれぞれ1粒子軌道の主量子数，軌道角運動量である．調和振動子の特徴は**軌道が等間隔に** $\hbar\omega$ ごとに現れること，また**パリティが下から** $+$，$-$，$+$，$-$ **と交互に現れる**ことである．(n,ℓ) の縮退度を考えると，2，8，20，40，70個の核子を下から詰めた場合にギャップ（エネルギー準位間の間隙）が開くことがわかる．しかし，これで説明できる現実の魔法数は 2，8，20 のみである．次に，1体場のポテンシャルが表面付近で調和振動子のポテンシャルより深くなる効果を $\langle \ell^2 \rangle$ で取り入れる．これが，図4.14の真ん中の準位である．ℓ によって縮退が解け，ℓ の大きい軌道が低下するが，現実の魔法数はまだ説明できない．さらにマイヤーとイェンゼンがやったように，スピン軌道相互作用 $\langle \boldsymbol{\ell}\cdot\boldsymbol{s} \rangle$ の効果を取り入れて初めて魔法数が説明できる（図4.14（右））．1粒子軌道はこうして $1s_{1/2}$，$1p_{3/2}$ 軌道のように $n\ell_j$ をラベルとして表される．j は1粒子軌道の全角運動量で $j = \ell \pm 1/2$,

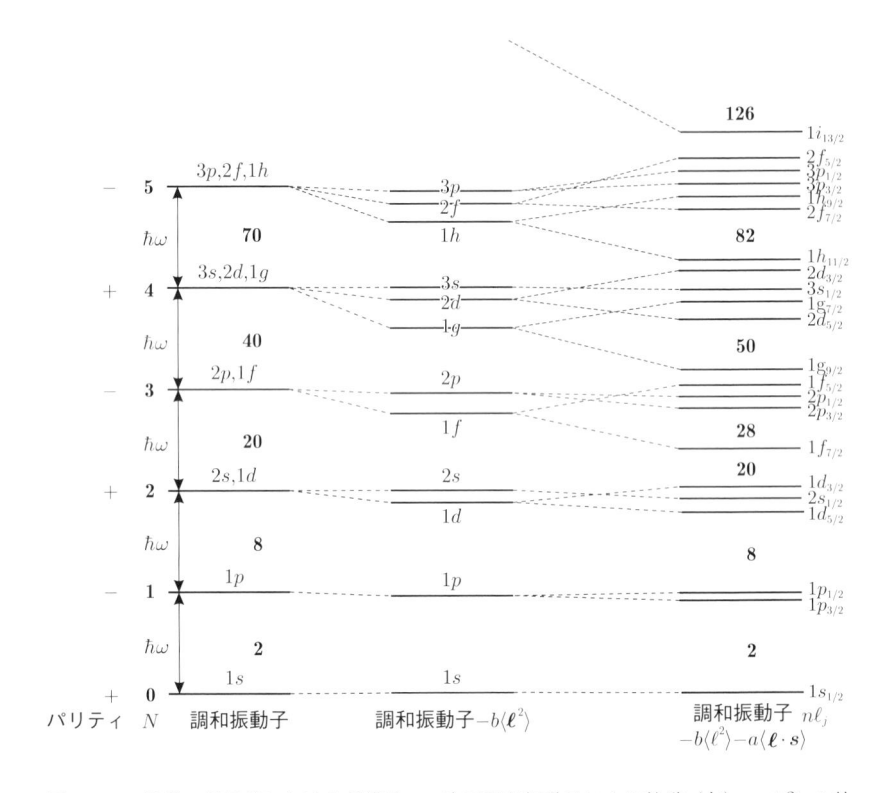

図 4.14 通常の原子核における殻構造. 3次元調和振動子による軌道（左）, $-\langle \ell^2 \rangle$ の効果（表面効果）を摂動で入れた場合の軌道（中）, さらに, 強いスピン軌道相互作用 $-\langle \boldsymbol{\ell} \cdot \boldsymbol{s} \rangle$ を摂動で入れた場合の軌道（右）を示す. パリティ, 振動量子数 N, 1粒子軌道のラベル $n\ell_j$ も示した. 間隙（ギャップ）が開くことにより安定性が生じ, 2, 8, 20, 28, 50.. という魔法数が説明できる.

各軌道の縮退度は $(2j+1)$ である（磁気量子数 $m = -j, -j+1, ..., j$）.

ここまでを押さえたうえで, 1中性子ハロー核の代表格 ^{11}Be の殻構造を考えてみよう. ^{11}Be は $Z = 4$, $N = 7$ である. 軌道に下から順に詰めていくと最後の中性子1個が $1p_{1/2}$ 軌道に入るので, そのスピン・パリティは, $J^\pi = 1/2^-$ と予想される（図4.15（左）, 右肩につけた $\pm$ でパリティを表す）. スピンとは核スピンのことで11体系としての ^{11}Be の全角運動量のことである. つまり, 奇核 ^{11}Be の場合, 全角運動量とパリティが, 最後の中性子1個（価中性子）の1粒子軌道で代表されると考えるのである. パリティ (Π) がマイナスになるの

は，$\Pi = (-)^{\ell}$ と考えてもよいが，図 4.14（左）に示すパリティの定まった調和振動子の $N = 1$ 軌道が，縮退の解けた一番右の軌道でも残っていると考えてもよい．実際，同じ $N = 7$ の ^{13}C では確かに $J^{\pi} = 1/2^-$ である．

ところが，図 4.15（右の四角枠内）のように，^{11}Be の基底状態は $J^{\pi} = 1/2^+$ であることが実験的にわかっている．つまりパリティが予想とは逆なのである．^{11}Be のように，殻の順番から考えられるパリティと異なるパリティ状態を侵入状態 (intruder state) と呼んでいる．ほぼ調和振動子模型で表される軽い原子核で，基底状態が侵入状態になるのは極めて異例なことである．なお，本来あるべき $J^{\pi} = 1/2^-$ の状態は 320 keV だけ高い第一励起状態である．この 320 keV というのは原子核のエネルギーからすると非常に小さいので，$1/2^+$ 状態と $1/2^-$ 状態は縮退していると，しばしば表現される．

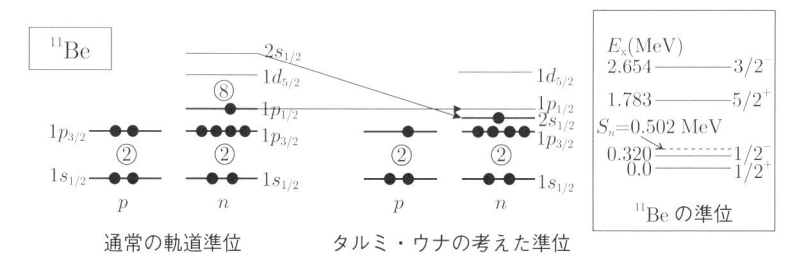

図 4.15 左）通常の殻模型準位に下から詰めていった場合の ^{11}Be の配位．最後に入る $1p_{1/2}$ 軌道の中性子がスピン・パリティを決めるので $1/2^-$ が基底状態となる．中）タルミ，ウナの考えた殻模型の準位 [19]．残留相互作用によって $2s_{1/2}$ 軌道が下がってきて $1p_{1/2}$ 軌道と逆転を起こす．右（四角の中）現在知られている ^{11}Be のエネルギー準位 [20]．1 中性子分離の閾値（$S_n = 0.502$ MeV）を点線で示した．

^{11}Be の基底状態がどうして侵入状態であったのかを考えてみよう．タルミとウナは，^{11}Be のハローが発見される 1990 年代より 30 年も前に，$1p_{3/2}$ 軌道の陽子と，$2s_{1/2}$ または $1p_{1/2}$ 軌道の中性子間の残留相互作用[7]によって，図 4.15 に模式的に示すような $2s_{1/2}$ 軌道と $1p_{1/2}$ 軌道の逆転が起こると考えた [19]．図 4.16 に示すように，同じ中性子数の原子核（アイソトーン）^{13}C，^{12}B，^{11}Be について比較すると，残留相互作用がなければ中性子軌道はすべて等しいことに

---

[7] 残留相互作用とは平均場を超えた核子-核子間の相互作用のことである．殻模型の場合，閉殻外にある価陽子，価中性子間の残留相互作用を摂動として取り扱う．

76   第 4 章 中性子ハロー

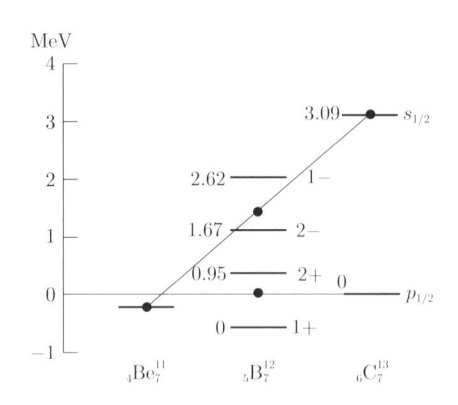

図 4.16　タルミとウナの示した ^{11}Be, ^{12}B, ^{13}C（すべて $N=7$）の 1 粒子軌道のエネルギー準位図．^{13}C($Z=6$) では $2s_{1/2}$ 軌道が $1p_{1/2}$ 軌道より 3.09 MeV 上にあったが，^{12}B($Z=5$) では陽子が少なくなる分，残留相互作用が変化し，1.44 MeV に縮まる．^{11}Be では残留相互作用の減少幅が 2 倍になり，$2s_{1/2}$ 軌道と $1p_{1/2}$ 軌道が逆転するとした．図は文献 [19] より転載 *)．

なるが，陽子数がこの順で 1 つずつ減少するために，残留相互作用が減少すると考えた．まず $Z=6$ の ^{13}C では，$2s_{1/2}$ 軌道の準位が $1p_{1/2}$ 軌道の準位より 3.09 MeV 高い．次に，陽子数の 1 個少ない ^{12}B を考える．^{12}B は奇奇核であるため平均的な $1p_{1/2}$ と $2s_{1/2}$ 軌道の位置を求めると，その差は 1.44 MeV になる．1 個陽子をとることによって 2 つの軌道の差が 3.09 MeV から 1.44 MeV に縮まった．陽子 1 個あたりの残留相互作用は等しいと考えられるので，2 個陽子を抜くと (3.09 − 1.44) = 1.65 MeV 分だけ，さらにエネルギーが減り，^{11}Be で軌道の逆転現象が起こる．タルミとウナの解釈は $N=8$ という閉殻構造が崩れていることを示唆している．しかしながら，現在では，この解釈は定性的な理解の一助にはなっているものの，^{11}Be の殻構造をすべて説明できないことがわかっている．通常の殻模型が用いる調和振動子ポテンシャルは，深く束縛した原子核を記述する模型なので，ハロー核のような弱束縛原子核を記述するのには向いていない．弱束縛系や非束縛系の原子核を取り扱う殻模型を作るのは，現在の核物理理論の中でも，最も難しい挑戦的な課題の 1 つである．

　^{11}Be の場合には，強い変形が準位を大きくずらす原因であるとする説もある．変形すると，タルミやウナの解釈のような純粋な球形の 1 粒子軌道を仮定した

---

*) Reprinted figure with permission from [19] Copyright (1960) by the American Physical Society.

殻模型の解釈は成り立たない．一方強く変形すると，球形では下にあった軌道が上がり，その上の軌道と逆転するということは自然におきるので $1/2^+$ 軌道が $1/2^-$ 軌道より下がるとするわけである [21]．ところで，殻構造の破れの問題は次章で詳しく述べるが，ハロー核には殻構造の破れが絡んでいる場合が多い．これが偶然なのか，ハローの性質が関与しているのかというのも興味深い問題である．

4.2.3　1 中性子ハロー核の 1 粒子軌道

1 中性子ハロー核の場合でも閉殻 ±1 中性子という場合を除き，純粋な「コア+1 ハロー中性子」で表せるものはまずない．実際，1 中性子ハロー核において微視的構造を決定するには，「コア + 1 ハロー中性子」に対応する 1 粒子軌道の配位がどのようなもので，それぞれの配位がどの程度の割合を占めているのかという分析を行う必要がある．例えば，^{11}Be が純粋な 1 粒子軌道で書けないのは，陽子 4 個，中性子 7 個の 11 体系であることを考えれば自然なことである．1 粒子軌道の重ね合わせによって分析するということは，この 11 体系という複雑な系の物理の本質を，平均場中の 1 粒子軌道で汲み取るということに相当する．

^{11}Be の場合，基底状態の波動関数は，

$$|^{11}\text{Be}(1/2^+)\rangle = \alpha |^{10}\text{Be}(0^+)\rangle \otimes \nu 2s_{1/2}\rangle + \beta |^{10}\text{Be}(2^+)\rangle \otimes \nu 1d_{5/2}\rangle + ..., \quad (4.30)$$

と表すことができる．ここで ν は 中性子軌道 を表す．^{11}Be の場合には，第一項に s 軌道の成分があり，これがハローの軌道を表す．ハローの振幅は第一項の α^2 で決まる．後述するように，現在ではクーロン分解などの手法が開発されて α^2 を求めることができる．

4.3　ハロー構造の基本 −2 中性子ハロー核

この節では，2 中性子ハロー核の構造について考えてみる．この場合，1 中性子ハロー核のような簡単な 1 粒子軌道模型では記述できない．その理論的記述はまだ確立しているわけではないが，ここではなるべく簡単な模型を使って，2 中性子ハロー構造の基本的性質や問題点を見てみる．

4.3.1 2中性子ハロー核の特徴 – ダイニュートロン相関の可能性

2中性子ハロー核は「コア $+n+n$」という3体構造をもつ.「コア $+n$」,「$n+n$」という2体では束縛しないが, 3体系となって初めて束縛する系, すなわちボロミアン核である. また, 2中性子分離エネルギー S_{2n} が 1 MeV 未満程度と非常に小さく (弱束縛), 1中性子ハロー核のように, 1粒子軌道が s 軌道や p 軌道のときにハローは発達しやすい. ただし, 2中性子の場合は, 後で述べるダイニュートロン相関によって他の軌道が混じる可能性が高い.

現在, 2中性子ハロー核として実験的に確認されているのは ^{6}He, ^{11}Li, ^{14}Be, ^{17,19}B, ^{22}C の6種類のみである. この中で特によく調べられているハロー核は, p 軌道の中性子2個からなるハローをもつ ^{6}He と, 2中性子が s 軌道と p 軌道の混合した状態となっている ^{11}Li である. その他の2中性子ハロー核の構造については, 軌道の割合なども, よくわかっていない.

ボロミアン核として束縛するには, ハローの2中性子間に働く**相関**が重要である. すなわち, 2中性子ハローの最大の問題は, **ハローの2中性子相関が**どうなっているのか?, に帰着される. ここで2中性子相関とは何らかの相互作用によって2つの核子が互いに影響を及ぼし合って運動している物理状態を指す. 逆に相関がないとは, 2つの中性子が独立に動き回っていることを意味する. なお, 相互作用を及ぼし合っても相関がない, つまり中性子が独立に動くという状況もありうる. 核内における2つの中性子の運動量を $\boldsymbol{P}_1, \boldsymbol{P}_2$ とおくと, 2中性子相関の1つの指標は $\langle \boldsymbol{P}_1 \cdot \boldsymbol{P}_2 \rangle$ である. 相関がないときにはこれが 0, つまり平均的に $\boldsymbol{P}_1 \perp \boldsymbol{P}_2$, あるいは, $\boldsymbol{P}_1$ と $\boldsymbol{P}_2$ のなす角 θ_{12} を用いて $\langle \theta_{12} \rangle = 90°$ である. また, この θ_{12} を用いて相関を表すこともできる.

$$\cos\theta_{12} = \frac{\boldsymbol{P}_1 \cdot \boldsymbol{P}_2}{P_1 P_2}, \tag{4.31}$$

という関係があるからである. 運動量と同様に2つの中性子の位置ベクトルを用いて $\langle \boldsymbol{r}_1 \cdot \boldsymbol{r}_2 \rangle$ で2中性子相関を表すこともできる. この場合は空間的な2中性子相関である. 運動量の相関と同様, 無相関のとき,

$$\langle \boldsymbol{r}_1 \cdot \boldsymbol{r}_2 \rangle = 0, \tag{4.32}$$

$$\langle \theta_{12} \rangle = 90°, \tag{4.33}$$

である. この場合の θ_{12} は $\boldsymbol{r}_1$ と $\boldsymbol{r}_2$ のなす角である (図 4.18(a)).

一般的に，2つの同種核子間に働く対相互作用が重要であることは原子核の質量公式（2.2.2項）から読み取れる．式 (2.3) の最後の項 $\delta(N,Z)$ は中性子2個，あるいは陽子2個が対を組むことでエネルギーがより低く安定になることを示している．原子核の対相関は物性の超伝導状態のように BCS 理論を適用することができ，2核子の対はクーパー対に対応し，フェルミ面近傍のクーパー対はボソンとみなすことができ，超流動化する．安定核では，フェルミ面近傍のよく束縛した1粒子準位の2核子がクーパー対を形成するのに対し，2中性子ハロー核では，フェルミ面がほぼエネルギーゼロなので**クーパー対に関与する1粒子準位の大部分が連続状態になる**という特徴がある．これが，ハロー核の構造にどのように影響するのかはまだよくわかっていない．

最近の2中性子ハロー核の物理で特に重要になっているのが，ダイニュートロンが存在するのか，という問題である（図 4.17）．古くは束縛する2中性子系（ダイニュートロン）の探索が盛んに行われたが，図 2.6 に示したように自由空間では2中性子系は束縛せず強い相関をあまり示さないことがわかった（相対運動量が非常に低い場合を除く）．これに対し，ミグダルは 1970 年代に，束縛するほど強く相関した2中性子系（ダイニュートロン）が核表面に現れることを予言した [22]．原子核の中のダイニュートロンなので核内ダイニュートロンと呼んでもいいであろう．しかし，核内ダイニュートロンについても，これまで観測例がなかった．一方，最近の理論的研究によって，中性子ハローや，第6章で紹介する中性子スキンのような低密度の中性子物質でできた核表面に，図 4.17（中）に示すようなダイニュートロンが存在する可能性が高まってきた．実験でも探索が盛んに行われるようになった．後ほど，例として，^{11}Li のクーロン分解反応

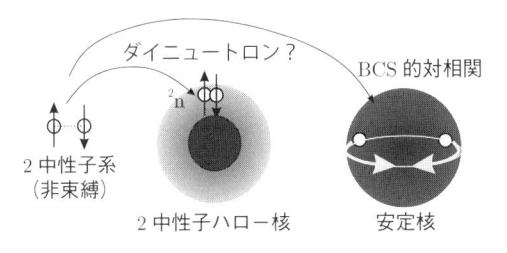

図 4.17　自由空間では非束縛で相関の緩い2中性子を核内に入れるとどうなるのであろうか．2中性子ハロー核では，ハローの2中性子が強い空間的相関をもつダイニュートロンを形成している可能性がある（中）．これは安定核で対相関が長距離的な BCS 的相関であることと対比される（右）．

実験で示唆されたダイニュートロンの兆候について言及する．なお，核内ダイニュートロンの特徴の1つは，空間的にコンパクトなことであり，これは，安定核に見られるような，長距離相関の BCS 的対相関とは異なる（図 4.17）．

中性子ハロー核のダイニュートロンについての理論計算を示そう．萩野らは，コア $+n+n$ で表される 3 体模型計算を行い，3 粒子の分布関数について図 4.18(b)(c) のような計算結果を得ている．まず幾何学的な関係の定義だが，図 4.18(a) のように，r_1, r_2 はコアの重心を基準にした 2 個の中性子の位置ベクトルで，そのなす角を θ_{12} とする．$r = r_1 = r_2$ の場合に固定して，これと θ_{12}

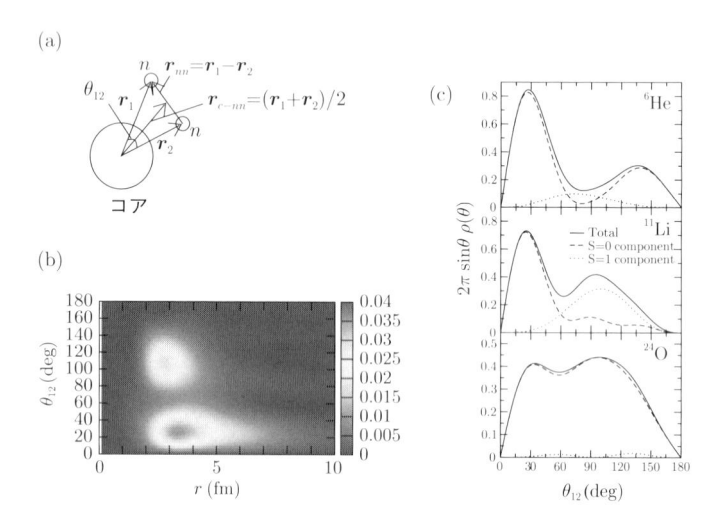

図 **4.18** (a) 2 中性子ハロー核の幾何学的関係．r_1, r_2 はコア (core) を基準とした 2 個のハロー中性子のそれぞれの位置ベクトル．r_{nn} は中性子 2 を基準とした中性子 1 の位置ベクトル（絶対値は 2 中性子間の距離）．r_{c-nn} はコアを基準とした 2 中性子の重心の位置ベクトル．(b) 萩野らの 3 体模型計算による ^{11}Li の 2 中性子相関．$r = r_1 = r_2$ とし，2 中性子のなす角 θ_{12} の分布を見たもの．2 つのピークがあり，より強いピークが $\theta_{12} \sim 20°$ に現れていることがわかる．文献 [23] を基に作成．(c) ^{6}He, ^{11}Li, ^{24}O の 2 個の価中性子の開き角度 (θ_{12}) の分布．ハロー核 ^{6}He, ^{11}Li では θ_{12} 小のところにダイニュートロン相関に対応するピークがあるが，ハローをもたない ^{24}O には現れない．なお $S = 0$ は 2 中性子のスピンが反対向きのスピン一重項状態，$S = 1$ は 2 中性子のスピンが同じ向きのスピン三重項状態である．文献 [23] より転載 *) ((b) は口絵 2)．

---

*) Reprinted figure with permission from [23] Copyright (2005) by the American Physical Society.

の関数として密度分布を見たものが図 4.18(b)（口絵 2）である．$\theta_{12} \sim 20°$ と $\theta_{12} \sim 100°$ 付近に 2 つのピークがある．角度が小さい方のピークは，2 つのハロー中性子間の距離が近づいており，ダイニュートロンに対応する相関である（ダイニュートロン相関）．もう一方の角度の大きい相関は葉巻型とも言われる．完全に 180° に開く場合が理想的な葉巻型相関で，中性子-コア-中性子が一直線に並び葉巻のように見えることから名づけられている．この計算結果は開き角が 100° 程度で，無相関の 90° に近く，それほど強い相関ではない．図 4.18(c) は ^{11}Li の他，^{6}He，^{24}O について θ_{12} の分布を示したものである．興味深いのは，ハロー核の ^{6}He，^{11}Li では強いダイニュートロン相関が示されているのに対し，ハロー核でない ^{24}O では相関がほとんど見られないことである．^{24}O は，ドリップライン上にあって 2 個の価中性子がほぼ $2s$ 軌道に入っていると考えられているが，2 中性子分離エネルギーが $S_{2n} = 6.45$ MeV と大きく，ハローを形成しないことを反映していると考えられる．計算された 2 中性子の平均の開き角度 $\langle \theta_{12} \rangle$ は ^{6}He，^{11}Li，^{24}O に対して，それぞれ 66°，65°，82° であった．ハロー核では，ダイニュートロンが優勢であるため，有意に 90° より小さくなっている一方，^{24}O では無相関の 90° に近いという結果となっている．

4.3.2　2 中性子ハロー核の軌道混合とダイニュートロン相関

ダイニュートロン相関は，2 中性子が純粋な 1 つの軌道に入っているのではなく，いくつかの軌道を行き来するいわゆる軌道混合を起こしていることと密接に関係していると考えられている．^{11}Li を例にとってこれを考えてみる．

^{11}Li は中性子数が $N = 8$ で，通常であれば中性子数が魔法数となっているので，2 個の価中性子は $1p_{1/2}$ 軌道に入る．すなわち ^{11}Li の波動関数は，

$$\Psi\left(^{11}\mathrm{Li}\right) = |\Psi\left(^{9}\mathrm{Li}_{\mathrm{gs}}\right) \otimes \left(\nu 1p_{1/2}\right)^{2}\rangle \equiv |(1p)^{2}\rangle, \tag{4.34}$$

と書けるはずである．ここで $\Psi\left(^{9}\mathrm{Li}_{\mathrm{gs}}\right)$ は ^{9}Li の基底状態であり，ν は中性子軌道を示す．この 2 個の中性子はスピンが逆向きで $J = 0$ に組んでいる．簡単のため，以降では簡略化した $|(1p)^{2}\rangle$ などを用いて ^{11}Li の配位を表すことにする．^{11}Li は，当初，$N = 8$ の魔法数核で，その配位は $|(1p)^{2}\rangle$ のような純粋な $1p_{1/2}$ 軌道状態であると考えられていたが，その後，β 崩壊や核力分解反応の実験から $1p_{1/2}$ に加えて $2s_{1/2}$ 軌道に 2 個の中性子が入った配位がかなりの割合で混じっていることが示された．つまり，予想に反して，

$$\Psi\left({}^{11}\text{Li}\right) = \alpha|(1p)^2\rangle + \beta|(2s)^2\rangle, \tag{4.35}$$

であり，$1p$ 軌道の振幅 α^2 と $2s$ 軌道の振幅 β^2 は，それぞれ 40-50%程度 [24,25] という結果が示されたのである．^{11}Li は，^{11}Be のように大きく変形していないこともあって，この核特有のメカニズムで混合が起こっていると考えられている．少なくとも，ダイニュートロン相関がこの混合と関係していることは以下のようにして理解できる．

式 (4.35) で示される波動関数に対して $\cos\theta_{12}$ の期待値は，

$$\begin{aligned}\langle\cos\theta_{12}\rangle =& \alpha^2\langle(2s)^2|\cos\theta_{12}|(2s)^2\rangle + \beta^2\langle(1p)^2|\cos\theta_{12}|(1p)^2\rangle \\ &+ 2\alpha\beta\langle(1p)^2|\cos\theta_{12}|(2s)^2\rangle \\ =& 2\alpha\beta\langle(1p)^2|\cos\theta_{12}|(2s)^2\rangle,\end{aligned} \tag{4.36}$$

と書ける．α^2 の係数がつく第一項と β^2 がつく第二項の積分は，どちらも $\cos\theta_{12}$ の奇関数となっているので 0 になる．つまり，0 にならない項はクロス項である $2\alpha\beta$ の係数がついた項のみである．この結果が示すことは，仮に ^{11}Li のハローの 2 中性子が，純粋な $(\nu 1p_{1/2})^2$ か純粋な $(\nu 2s_{1/2})^2$ であったとすると，

$$\langle\cos\theta_{12}\rangle = 0, \tag{4.37}$$

すなわち $\langle\theta_{12}\rangle = 90°$ となって 2 中性子相関がないということである．これは，有意な 2 中性子相関をもつには，異パリティ状態の混合が必要条件になっていることを示している．実際に ^{11}Li で異パリティ混合が起こっているということは，ダイニュートロン相関が実現しうることを示している．

4.4　クーロン分解反応とソフト双極子励起

　この節では，最近のハロー核研究のトピックスの 1 つとして，クーロン分解反応によって明らかとなったハロー核の**ソフト双極子励起**（ソフト $E1$ 励起）に焦点をあてる．現在では，その発現機構が解明され，ハローを特徴づける重要な性質の 1 つとして確立している．

4.4.1　巨大双極子共鳴とソフト双極子共鳴

　ハロー核はいわば，硬いコアと柔かいハローからなる 2 成分系である．通常

4.4 クーロン分解反応とソフト双極子励起

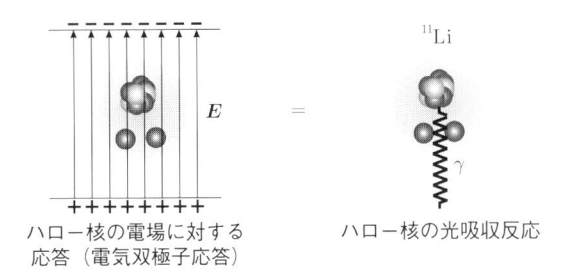

図 4.19 中性子ハロー核の電場でどのように励起されるか（電気双極子応答）は古典的には左の模式図で表される．これは光吸収反応（電気双極子成分，右図））と同等である．

の安定核には，中性子流体と陽子流体間に巨大双極子共鳴と呼ばれる逆相の振動モードが存在するが，硬いコアと柔らかいハローの間の励起モードはどうなっているのだろう．

そこで，安定核に光吸収をさせて巨大双極子共鳴が調べられたように，ハロー核にも光を吸収させてその応答を調べてみる．これは電磁応答と呼ばれるもので，一番強いのが電気双極子応答（$E1$ 応答）である[8]．古典的には，図 4.19（左）のように電場の中に置いた状況に相当する．柔らかい中性子ハローがコアに対して分極し，励起することが予想される．

池田は，中性子ハロー核に光を吸収させると**ソフト双極子モード（共鳴）**が起こることを予言した [26]．図 4.20 は，これを安定核の電気双極子応答と対比して模式的に示したものである．上の図は，よく知られた安定核の電気双極子応答，すなわち巨大双極子共鳴 (Giant Dipole Resonance: GDR) を示している．巨大双極子共鳴は，密度分布がほぼ等しい陽子と中性子の間で分極を引き起こすために高い光子エネルギーを要し，実際 $E_x \sim 80 A^{-1/3}$ という励起エネルギー，すなわち $E_x = 10 \sim 25$ MeV に集中するピークとして観測される．これに対して，池田は，ハロー核の場合には，低密度のハローがコアに対しては復元力が弱いので緩やかに振動し，励起エネルギー 1 MeV 付近にピークを作る"ソフト双極子共鳴"が実現すると考えたのである．一方で，ハローはコアに非常に弱く結合しているために，強い分極は起こすものの，振動が起こる前に中性子が分離してしまうと考える模型も提唱された．つまり共鳴状態ではないという模

---

[8] $E\lambda$ 遷移とは電気 2^λ 重極遷移を表す．$E1$ は電気双極子遷移である．

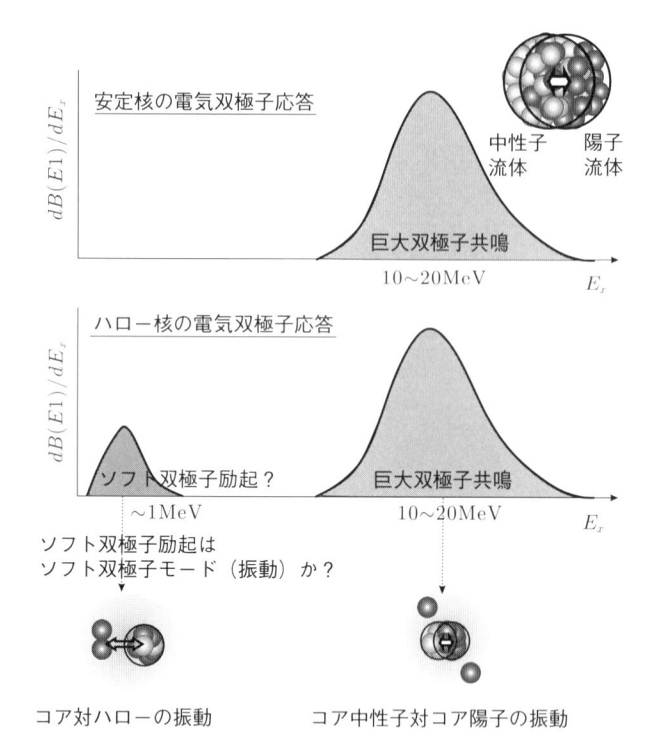

図 4.20 （上）安定核の電気双極子応答．安定核の場合は巨大双極子共鳴と呼ばれる中性子流体と陽子流体間の逆相の振動モードが励起エネルギー $E_x \sim 10-25$ MeV にピークを作る．（中）ハロー核の電気双極子応答は，巨大双極子共鳴のピークとは別に励起エネルギー 1 MeV 付近に強度をもつ．このピークをソフト双極子励起と呼ぶ．（下）池田が提唱したソフト双極子共鳴の模式図．

型である（直接分解反応モデル）．この低励起に双極子強度が集中するという現象は，共鳴の有無によらず，**ソフト双極子励起（あるいはソフト $E1$ 励起）** と呼ばれている．

いずれのモデルであれ，**ソフト双極子励起**が存在すれば，これまでの原子核の常識では考えられない現象である．通常は電気双極子の強度は巨大共鳴にほとんど集中していて，1 MeV 近辺の電気双極子強度は皆無だからである．

なお，電気双極子応答には和則 (Sum rule) と呼ばれる遷移強度の積分に関する法則があり，安定核では巨大双極子共鳴が和則をほぼ尽くしていることが知られている．よく使われる Thomas Reiche Kuhn(TRK) の和則は，

4.4 クーロン分解反応とソフト双極子励起

$$\int \sigma_\gamma^{(E1)}(E_x)dE_x = \int \frac{16\pi^3}{9\hbar c}\frac{dB(E1)}{dE_x}E_x dE_x \simeq \frac{60NZ}{A}\text{MeV}\cdot\text{mb}, \quad (4.38)$$

と表される．ここで，$\sigma_\gamma^{(E1)}(E_x)$ は光子のエネルギーが E_x のときの $E1$ （電気双極子遷移）の光吸収断面積であり，$B(E1)$ は $E1$ の換算遷移確率と呼ばれる量で，電気双極子による遷移強度を表す．一般に $E\lambda$ 遷移の換算遷移確率は，

$$B(E\lambda) = \frac{|\langle J_f||\hat{T}(E\lambda)||J_i\rangle|^2}{2J_i+1}, \quad (4.39)$$

と表される．$T(E\lambda)$ は $E\lambda$ 遷移の演算子であり，スピンが J_i の原子核の始状態から J_f の終状態への電気 2^λ 重極子による**遷移確率**を表している．

では実際にハロー核の電気双極子応答（光吸収）を実験的に求めるにはどうすればよいのだろう．ハロー核は不安定核なので，光（γ 線）を直接吸収させることは不可能である．そこで有力な方法となるのが**クーロン分解反応**である．

4.4.2 クーロン分解反応

中性子ハロー核の光吸収にはクーロン分解反応という手法を用いる．クーロン分解反応というのは，図 4.21 に示すように，高エネルギーの入射核（例 ^{11}Li）が重標的の近傍を通過するときに感じる重標的の強い電場パルスによって励起し，分解する反応のことである．この強いパルス的な電場中の通過による励起は，仮想光子の吸収と等価とみなせ，**クーロン励起**と呼ばれている．つまり仮想光子の吸収によって電気双極子励起が誘発されるというわけである[9]．クーロン励起した入射核 ^{11}Li は弱束縛なので，すぐに ^{9}Li$+n+n$ へと**分解**する．

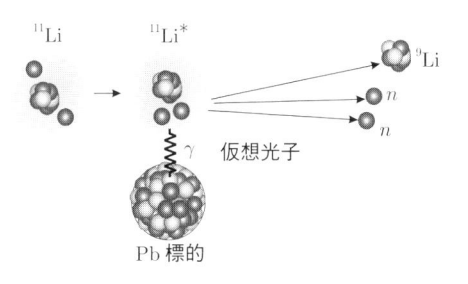

図 4.21 クーロン分解反応の模式図．

---
[9] 3.2.2 項で示した，不安定核生成に用いられるクーロン核分裂反応も同様の反応である．

つまり，クーロン励起による分解なので，クーロン分解反応と呼ぶのである．

クーロン分解反応の断面積 ($d\sigma(E1)/dE_\mathrm{x}$) は（仮想光子数）×（電気双極子励起の遷移確率）という表式で書ける．すなわち，

$$\frac{d\sigma(E1)}{dE_\mathrm{x}} = \frac{16\pi^3}{9hc} N_{E1}(E_\mathrm{x}) \frac{dB(E1)}{dE_\mathrm{x}} = N_{E1}(E_\mathrm{x}) \frac{\sigma_\gamma^{(E1)}(E_\mathrm{x})}{E_\mathrm{x}}, \qquad (4.40)$$

となる．$N_{E1}(E_\mathrm{x})$ が仮想光子数である．ここで，微分断面積が励起エネルギー E_x の関数で書けること，言い換えると，エネルギースペクトルとして与えられることに注意しよう．仮想光子数は E_x（＝仮想光子のエネルギー）の関数として図 4.22（上）のように電磁気学の知識で計算できる [27, 28]．したがって，電気双極子応答に対応する $B(E1)$ のエネルギースペクトル $dB(E1)/dE_\mathrm{x}$ が，クーロン分解のエネルギー微分断面積から求められることがわかる．また，光吸収断面積 $\sigma_\gamma^{(E1)}(E_\mathrm{x})$ も同様に E_x の関数となる．こうした仮想光子を用いて遷移確率を求める方法を文字通り仮想光子法と呼んでいる．

最初にソフト双極子励起の兆候が見られたのは，小林俊雄らの LBNL での実験であった．$E/A = 0.8\,\mathrm{GeV}$ の $^{11}\mathrm{Li}$ を Pb 標的と反応させ $^9\mathrm{Li}$ に分解する断面積を測定した [29]．つまり $dB(E1)/dE_\mathrm{x}$ を直接測定するのではなく

$$\sigma(E1) = \int_{S_{2n}}^{\infty} \frac{16\pi^3}{9hc} N_{E1}(E_\mathrm{x}) \frac{dB(E1)}{dE_\mathrm{x}}, \qquad (4.41)$$

という積分された分解断面積（インクルーシブ分解断面積と呼ばれる）を求めたのである．後ほど示すように $dB(E1)/dE_\mathrm{x}$ の決定には $^9\mathrm{Li}$ と 2 個の中性子の同時測定が必要である．一方で，小林らは仮想光子分布の面白い性質に着目することでハローに対する重要な結果を得た．図 4.22（上）に示すように，仮想光子スペクトルは励起エネルギーに対し指数関数的に減少する関数であり，そのため，同図（下）に示すようなソフト双極子励起のピークにのみ敏感になっている．ソフト双極子励起のように分布のピークが 1 MeV 程度の場合には仮想光子の数によって増幅され断面積が 0.5–1 b 程度と大きくなるが，ソフト双極子励起がなく巨大双極子共鳴だけであれば仮想光子数の減少のため，クーロン分解断面積は 0.1 b 未満程度と非常に小さくなってしまうのである．実際に得られたクーロン分解断面積は 0.89±0.10 b であり，**ソフト双極子励起が起こっていることを示す**結果であった．この実験により，ソフト双極子励起に起因するクーロン分解断面積の極端な増大が，ハロー核の特徴の 1 つとして確立した．

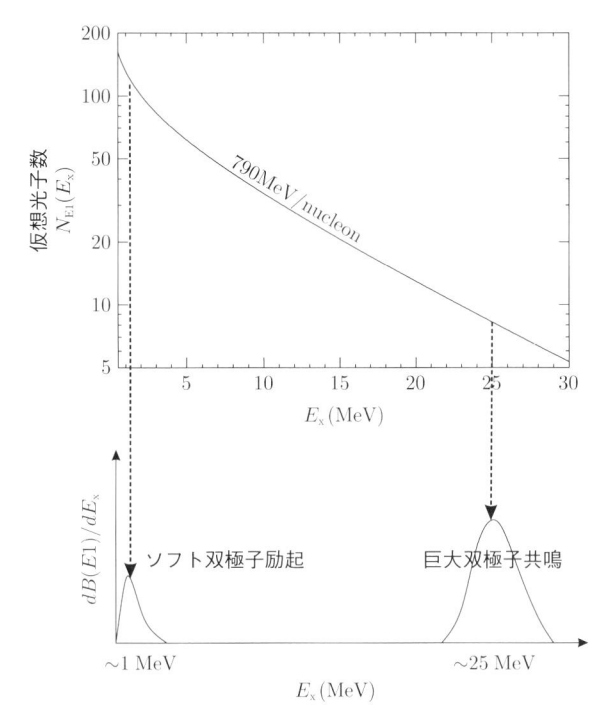

図 4.22 （上）核子あたり 790 MeV の ^{11}Li と Pb 標的の反応の際の仮想光子数スペクトル．（下）^{11}Li の電気双極子励起強度の予想模式図．左のピークがソフト双極子励起，右のピークがコアの巨大双極子共鳴を示す．仮想光子数が指数関数的な減少関数であるため，クーロン分解反応の断面積（$\propto N_{E1} \times dB(E1)/dE_x$）はソフト双極子励起が起こるときのみ 0.5b を超えるような大きい断面積をもつ．

4.4.3 ソフト双極子励起のメカニズム

次の問題は，このソフト双極子励起とはいったい何なのか，である．ここではソフト双極子励起のメカニズムを解明するために筆者らの行った ^{11}Be のクーロン分解反応実験を取り上げる．メカニズムの解明のためには，**積分されたクーロン分解断面積の測定ではなく，励起エネルギーを実験的に決定してエネルギースペクトルを求め，電気双極子の換算遷移確率の分布 $dB(E1)/dE_x$ を引き出す必要がある．**

どんな物理現象であれ，そのメカニズムを解明するには，なるべく簡単な物理系を選ぶのが得策である．^{11}Be は，1 中性子ハロー核なので，「コア+1 中性

子」という構造をもち，3体系の2中性子ハロー核よりもずっと単純な系である．また ^{11}Be は安定線に比較的近いために不安定核としては比較的実験が進んでいた．例えば，筆者らが実験を始めたころ，^{11}Be の S_n は 504±5 keV と知られており，当時の ^{11}Li が 100 keV 以上の誤差でしか S_{2n} がわかっていなかったのに比べて，はるかに精密にわかっていた．

最初の ^{11}Be のクーロン分解反応実験は理研で行われた [30]．さらにその後，福田と筆者らによる精密測定 [31]，GSI における高エネルギーでの測定 [32] が行われており，これらの結果は互いに一致している．以下では統計量が多い [31] の結果を用いて説明する．

実験手法を説明しよう．$dB(E1)/dE_x$ を導出するためには，仮想光子を吸収して励起した ^{11}Be の励起エネルギー E_x を実験的に求める必要があるが，これには**不変質量法**という手法を用いる．不変質量法では分解反応で放出されるすべての粒子の運動量ベクトルを同時測定する．^{11}Be の場合，^{10}Be と n の運動量ベクトルを測定する．

系のエネルギーが高いので特殊相対性理論の運動学を用いる．アインシュタインのエネルギー，質量，運動量の関係が

$$E^2 = (mc^2)^2 + (pc)^2, \tag{4.42}$$

であったことを思い出そう．静止しているときは $p=0$ であり有名な $E=mc^2$ が導かれる．この式は多体系でも成り立ち，例えば ^{10}Be + n という 2 体系の場合，

$$(E_{^{10}\text{Be}} + E_n)^2 = (M^* c^2)^2 + (\vec{P}_{^{10}\text{Be}} + \vec{P}_n)^2 c^2, \tag{4.43}$$

である．質量は変化しない，つまり M^* は定数である．実際に，仮想光子を吸収して励起した ^{11}Be の質量を M^* とすると，この M^* は分解前の「^{11}Be が励起した状態」と分解後の「^{10}Be と n が分離して運動している状態」では不変である．よって，

$$M^* c^2 = \sqrt{(E_{^{10}\text{Be}} + E_n)^2 - \left|\vec{P}_{^{10}\text{Be}} + \vec{P}_n\right|^2 c^2}, \tag{4.44}$$

と表せる．式 (4.44) より，^{11}Be の励起状態の質量が，放出される ^{10}Be と中性子の運動量ベクトルから求まることがわかるが，この手法が不変質量法に他な

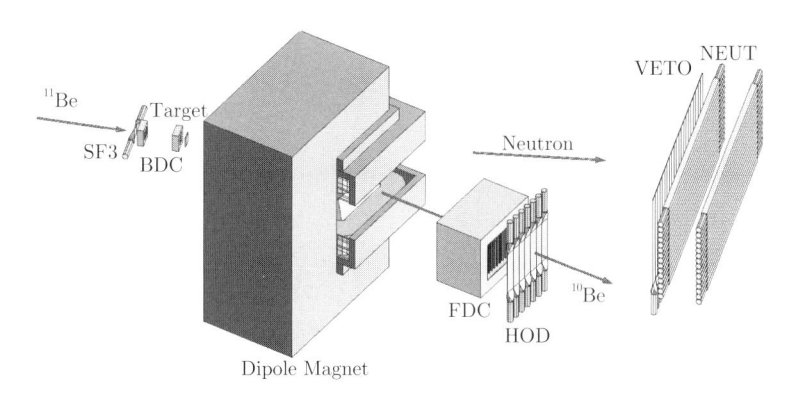

4.4 クーロン分解反応とソフト双極子励起   89

図 4.23 理研で行われた ^{11}Be のクーロン分解実験のセットアップ図．図は文献 [31] から転載 *).

らない．

さらに，^{10}Be と n の間の相対エネルギー $E_{\rm rel}$ は，

$$E_{\rm rel} = (M^* - M_{10{\rm Be}} - m_n)\,c^2, \tag{4.45}$$

と表せ，励起エネルギーは $E_{\rm x} = E_{\rm rel} + S_n$ と求まる．以上より，実験は，放出される ^{10}Be と n の運動量ベクトルを同時計測するように設計すればよい．

理研の実験 [31] で用いられた実験セットアップを図 4.23 に示す．実験では，^{11}Be ビームを，RIPS と呼ばれる先代のインフライト型不安定核分離装置を用いて生成し，核子あたり 69 MeV（光速の約 36%）で鉛標的に入射させた．^{11}Be は鉛標的の近傍を通過する際に仮想光子を吸収し，クーロン分解を起こして ^{11}Be $\rightarrow ^{10}$Be $+ n$ と反応が進む．^{10}Be と n は入射ビームの速度に近い速度で放出されるので，放出角度は数度程度以内で前方に集中する（運動学的収束）．^{10}Be は双極子磁石で曲げられホドスコープ (HOD) と呼ばれる薄いプラスチックシンチレータに到達し，ここで時間とエネルギー損失が記録される．この時間と ^{11}Be が標的に到達する時間との差が ^{10}Be の飛行時間 (TOF) であり，TOF と位置検出器 (FDC) で得られる軌跡（曲がり具合）から $\vec{P}_{10{\rm Be}}$ が求められる．一方，中性子については標的から中性子検出器 (NEUT) までの飛行時間と同検出器での観測位置から放出方向と運動量を求め，$\vec{P}_n$ を得る．なお，入射する

---

*) Reprinted figure with permission from [31] Copyright (2004) by the American Physical Society.

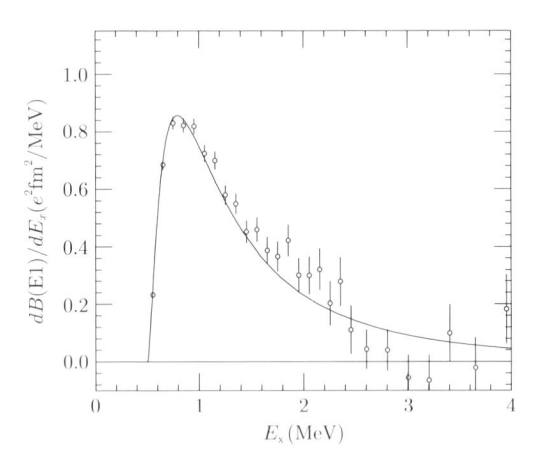

図 4.24　^{11}Be の電気双極子 ($E1$) 励起の遷移強度分布 $dB(E1)/dE_\mathrm{x}$. 実線は直接分解反応モデルの結果. ハロー配位の強度は $\alpha^2 = 0.72$ と求められた. 図は文献 [33] から転載.

^{11}Be についても位置検出器での位置・方向の測定と飛行時間の測定から $\vec{P}_{11\mathrm{Be}}$ が求まる. このようにして, ^{11}Be の励起エネルギーが測定できる.

実験の結果得られた ^{11}Be の電気双極子応答 $dB(E1)/dE_\mathrm{x}$ を図 4.24 に示す. ソフト双極子励起に対応する非常に強い $B(E1)$ が, 励起エネルギー $E_\mathrm{x} \sim 1$ MeV 付近に確かに現れている. 測定された強度は 1.05 ± 0.06 e^2 fm^2 で, 通常の 1 粒子軌道で基準となる強度の単位 (ワイスコップ単位 W.u. と呼ぶ) で表すと 3.29 ± 0.19 W.u. であった. 安定核では $E_\mathrm{x} \sim 1$ MeV あたりの $B(E1)$ は 0.01 W.u 未満なので, 非常に大きいことがわかる.

エネルギースペクトルは図に示す実線でよく説明されることがわかる. これは直接分解反応モデル (共鳴を介さずにコア核とハローが分離する) による計算結果である. つまりソフト双極子励起のメカニズムはソフト双極子共鳴への励起ではなく, 共鳴を経ずにすぐに分離するモデル (直接分解反応モデル) で説明されたのである.

4.4.4　ソフト双極子励起の直接分解反応モデル

直接分解反応モデルは, ^{11}Be が仮想光子の吸収によって ^{10}Be と中性子に**直接分離**したという描像に対応している. このモデルで電気双極子励起の強度分布 $dB(E1)/dE_\mathrm{rel}$ は

4.4 クーロン分解反応とソフト双極子励起

$$\frac{dB(E1)}{dE_{\rm rel}} = |\langle \Phi_f(\boldsymbol{r},\boldsymbol{q}) \mid e_{\rm eff}^{E1} \hat{T}(E1) \mid \Phi_i(\boldsymbol{r})\rangle|^2, \tag{4.46}$$

と書ける. ここで $\Phi_i(\boldsymbol{r})$ は ^{11}Be の基底状態, $\Phi_i(\boldsymbol{r}) = |^{11}{\rm Be}(1/2^+; {\rm g.s.})\rangle$ であり, $\Phi_f(\boldsymbol{r},\boldsymbol{q})$ は ^{10}Be$+n$ となった終状態を表す. 終状態 (^{10}Be$+n$) は連続状態, つまり正のエネルギーをもった散乱状態である. また $\boldsymbol{r}$ はコアの重心に対するハロー中性子の相対座標の位置ベクトル, q は相対運動量 $\sqrt{2\mu E_{\rm rel}}/\hbar$ である. $e_{\rm eff}^{E1}$ は $E1$ の有効電荷で, 1中性子ハロー核の場合は Ze/A である. また, 電気双極子の演算子 $\hat{T}(E1)$ は

$$\hat{T}(E1) = rY^{(1)}(\Omega), \tag{4.47}$$

と表される.

この現象を理解するために, 簡単のため, 終状態を平面波として考えてみよう.

$$\Phi_f(\boldsymbol{r},\boldsymbol{q}) = \exp(i\boldsymbol{r}\cdot\boldsymbol{q}). \tag{4.48}$$

つまり, 式 (4.46) はハロー基底状態の波動関数に $E1$ 演算子の r をかけたものをフーリエ変換した形になっている. したがって, 空間的に r が大きいところで $\Phi(\boldsymbol{r})$ の振幅が増大する "ハロー" に対しては, q が小さいところで $B(E1)$ の強度が特に増大することになる. q が小さいということは $E_{\rm rel}(= E_{\rm x} - S_n)$ が小さいので, $dB(E1)/dE_{\rm x}$ は低エネルギーに強いピークを作ることになる. これがソフト双極子励起に他ならない.

ソフト双極子励起が直接分解反応モデルで説明できるということは, これがハローの微視的構造についての有力なプローブとなることを示している. クーロン分解で得られる低励起エネルギーの $B(E1)$ の強度とそのスペクトルの形は, ハローの波動関数にのみ敏感だからである. 例えば ^{11}Be であれば, ^{11}Be の波動関数を表す式 (4.30) の中で第一項の s 波の中性子配位のみが $B(E1)$ 強度に関与する. したがって $dB(E1)/dE_{\rm rel}$ を測定することによって, α^2 の導出が可能となる. 結果は $\alpha^2 = 0.72 \pm 0.04$ であった. これは他のプローブで調べられた値と合致しており, ^{11}Be という 11 体系におけるハロー波動関数の占める割合が高いことが示された.

スペクトルの形はハロー中性子の軌道角運動量にも依存する. ピークの位置やスペクトルの立ち上がりなどを調べると軌道角運動量の情報, ハローがどの

ような 1 粒子軌道に対応するかがわかる．^{11}Be のように基底状態が s 軌道の中性子の配位の場合，終状態の散乱状態は p 波になる．電気双極子演算子は ℓ を 1 単位変えるからである．このときパリティも反転する．一般に始状態（ハロー基底状態）の軌道角運動量を ℓ_i，終状態（散乱状態）の軌道角運動量を ℓ_f とすると $E_{\rm rel} \sim 0$ のときの立ち上がりの関数形やピークの位置が解析的に求められる．例えば立ち上がりの関数形は ℓ_f に依存し，

$$\frac{dB(E1)}{dE_{\rm rel}} \propto (E_{\rm rel})^{\ell_f+1/2} = (E_{\rm x} - S_n)^{\ell_f+1/2}, \qquad (4.49)$$

と表される．

4.4.5　ソフト双極子励起による核分光と天体核反応への応用

中性子ハローや弱束縛原子核の有用なプローブとして，クーロン分解反応は，さまざまな中性子過剰核に適用されており，新種の中性子ハロー核の発見や，天体核反応率の測定などが行われている．筆者らの行った中性子過剰炭素同位体の ^{19}C [34] と ^{15}C [35] のクーロン分解の実験は，その典型的な例である．

^{19}C は，基底状態のスピン・パリティを始め，実験間の齟齬が多く，ほとんどよくわかっていなかった．ただし，S_n は，不定性が大きかったものの数 100 keV 程度と小さいことは確かであったため，中性子ハロー核の候補として注目されていた．こうした状況のもと，筆者らは ^{11}Be で成功したクーロン分解を，^{19}C についてはその構造を探るプローブとして用いたのである．

図 4.25 には，この実験で得られた ^{19}C+Pb のクーロン分解反応断面積のエネルギースペクトルを示す．図から明らかなように，スペクトルを説明するのは ^{19}C の基底状態が，

$$|^{19}{\rm C}(1/2^+)\rangle = \alpha|^{18}{\rm C}(0^+) \otimes \nu 2s_{1/2}\rangle + \beta|^{18}{\rm C}(2^+) \otimes \nu 1d_{5/2}\rangle, \qquad (4.50)$$

という配位をとるときだけである．前節で示した通り，電気双極子励起強度は第一項（ハロー項）のみに敏感になり，実線のように実験データを説明できる．また $S_n = 530$ keV とした方が，当時知られていた値 $S_n = 160$ keV より，実験結果をよく説明できることもわかった．スピン・パリティが $J^\pi = 1/2^+$ であること，その主成分が $2s_{1/2}$ 状態のハローであること，ハローの配位の割合が $\alpha^2 = 0.67$ であることも導かれた．こうして，^{19}C の微視的構造が初めて明らか

4.4 クーロン分解反応とソフト双極子励起

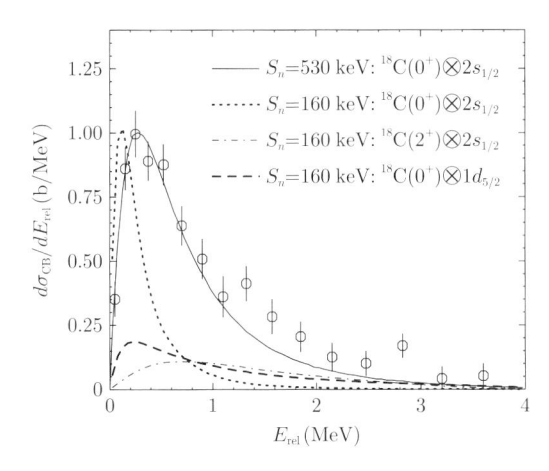

図 4.25 ^{19}C のクーロン分解反応断面積のエネルギースペクトル．一点鎖線，破線はそれぞれ $|^{18}\mathrm{C}(2^+)\otimes \nu 2s_{1/2}\rangle$，$|^{18}\mathrm{C}(0^+)\otimes \nu 1d_{5/2}\rangle$ の配位に対する計算であり，スピン・パリティは $J^\pi = 5/2^+$ に対応する．点線，実線は $J^\pi = 1/2^+$，$|^{18}\mathrm{C}(0^+)\otimes \nu 2s_{1/2}\rangle$ の配位で，それぞれ $S_n = 160$ keV，$S_n = 530$ keV に対する計算である．$|^{18}\mathrm{C}(0^+)\otimes \nu 2s_{1/2}\rangle$ で $S_n = 530$ keV の場合のみ，実験値をよく再現する．

になり，^{11}Be と同様に大きな広がりをもった 1 中性子ハロー核として確立することとなった．

一方，宇宙における天体核反応の反応率の推定に用いられた ^{15}C のクーロン分解反応は，$^{15}\mathrm{C}+\gamma \to {}^{14}\mathrm{C}+n$，という光吸収反応を対象としている．この場合 γ は実際には仮想光子である．この反応の逆過程は，$^{14}\mathrm{C}+n \to {}^{15}\mathrm{C}+\gamma$ という放射性捕獲反応（中性子捕獲反応）である．これは，漸近巨星分岐星と呼ばれる赤色巨星の中で，実際に起こっていると考えられている天体核反応で，ヘリウムが燃焼する過程でわずかに発生する中性子を ^{14}C が吸収する過程である．星の中の中性子の分量を決定するうえで重要な反応とされる．

時間反転対称性から，正逆反応の反応率は**詳細釣り合いの式**で結びつけられる．$^{15}\mathrm{C}+\gamma \leftrightarrow {}^{14}\mathrm{C}+n$ の場合は，

$$\sigma_{n\gamma}(E_{\mathrm{rel}}) = \frac{2I_{15C}+1}{2I_{14C}+1}\frac{E_\gamma^2}{2\mu c^2 E_{\mathrm{rel}}}\sigma_{\gamma n}(E_\gamma), \tag{4.51}$$

となる．ここで $\sigma_{n\gamma}$ は ^{14}C の中性子捕獲断面積，$\sigma_{\gamma n}$ が光吸収断面積で式 (4.40) で示した $\sigma_\gamma^{(E1)}$ のことである．I_{15C}，I_{14C} は，それぞれ ^{15}C，^{14}C の基底状態の核スピンで 1/2，0 である．

もちろん，正反応の実験ができればそれに越したことはないのだが，^{14}C は半減期が 5700 年の不安定核なので，標的にするのが難しく精度に問題があった．また中性子捕獲断面積は μb 程度と非常に小さい．一方，クーロン分解反応は高エネルギー反応なので厚い標的が使用できる．また，詳細釣り合いの式から $\sigma_{\gamma n}/\sigma_{n\gamma} \sim 10^{2-3}$ 程度であり，さらに仮想光子数の分だけ断面積が増幅されるため，100 mb/MeV を超えるクーロン分解断面積が得られる．実際にこのクーロン分解の実験によって，これまでで最も良い精度で，^{14}C に対する放射性捕獲断面積を求めることに成功している．

天体核反応の決定という応用面だけでなく，不安定核構造の観点でも興味深い．実際，^{15}C は 1 中性子分離エネルギーが $S_n = 1.218$ MeV と比較的小さく，また 1 粒子軌道も $2s_{1/2}$ 軌道であるため中程度のハローが発達することが期待される．^{15}C のクーロン分解反応実験の結果は，確かに中程度の振幅をもつハロー構造を支持するもので，ソフト双極子励起が ^{15}C においても観測されたのである．

4.4.6　2 中性子ハロー核のソフト双極子励起

1 中性子ハロー核のソフト双極子励起は直接分解反応というメカニズムで説明された．2 中性子ハロー核の場合はどうだろうか．2 中性子ハロー核は 3 体系である．1 中性子ハロー核の場合はコアに対する中性子の相対運動を考えればよかった．しかし，2 中性子ハロー核の場合には，自由度が増え，強く相関したダイニュートロンがコアに対して動くのか，1 個の中性子が強く相関した"コア+中性子"に対して動くのか，などの複雑な問題を考える必要がある．一方で，クーロン分解の実験によって，こうした 3 体系の中での 2 体相関の情報が引き出せる可能性も期待される．

^{11}Li のクーロン分解反応は，小林らによるパイオニア的実験（積分されたクーロン分解断面積の増大の発見，4.4.2 項）の後，MSU [36]，理研 [37]，GSI [38] で $dB(E1)/dE_{\rm rel}$ の直接測定が独立に行われた．Pb 標的で ^{11}Li をクーロン分解し，^{9}Li$+n+n$ の 3 粒子の運動量ベクトルの同時測定を行い，不変質量法により励起エネルギーを得るという実験である．これらの実験で得られた $dB(E1)/dE_{\rm rel}$ は，図 4.26 の一点鎖線 (MSU)，実線ヒストグラム (理研)，破線（GSI）に示すように，互いに一致しなかった．

4.4 クーロン分解反応とソフト双極子励起

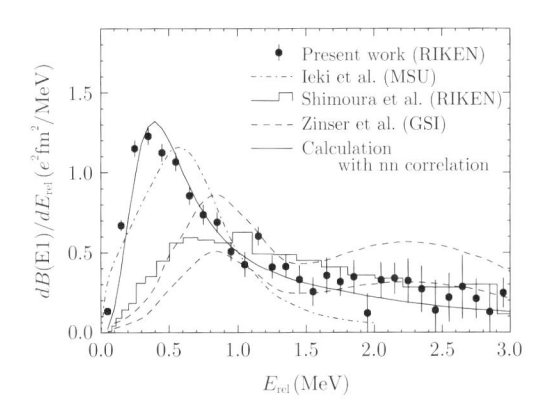

図 4.26 筆者らの得た ^{11}Li の電気双極子強度 $B(E1)$ のスペクトル [39]（黒丸）．比較は，MSU のデータ（$E/A = 28$ MeV，一点鎖線）[36]，最初の理研のデータ（$E/A = 45$ MeV，ヒストグラム）[37]，GSI のデータ（$E/A = 280$ MeV，破線で囲まれた領域）．実線はエスペンセン，バーチによる 3 体模型計算 [40]．図は文献 [39] より転載 *)．

$dB(E1)/dE_{\text{rel}}$ を求めるためには，^{9}Li と 2 個の中性子を同時測定する必要があるが，容易ではない．中性子は電気的に中性であるため，電磁相互作用を利用した検出はできず，強い相互作用による中性子の弾性散乱，非弾性散乱，準自由散乱などを利用する．プラスチックシンチレータ（H，C からなる）の場合，主要な中性子検出反応は，高速の中性子と検出器内の陽子との弾性散乱であり，反跳陽子によるシンチレータの発光により中性子が検出される．ただし電磁相互作用を直接用いる荷電粒子とは違い，中性子の反応は 100% の確率では起こらない．

また，中性子は，1 つの検出器内で散乱をした後，別の検出器内でもう一度散乱することがある．その場合，1 個の中性子が 2 回の信号を出すことになる（図 4.27）．^{11}Be のクーロン分解反応のように，1 個の中性子しか放出されないような反応の場合には，時間的に早い信号を拾えばよい．しかし，2 個の中性子が放出される ^{11}Li の分解反応の場合には，1 個の中性子が 2 回信号を出したのか，それとも 2 個の中性子が独立に 1 回ずつ信号を出したのかを判別できなくなる．このように 1 個の中性子が別々の検出器で計 2 回以上の信号を出す事象のことをクロストーク事象と呼んでいる．クロストーク事象のために 2 中性

---

*) Reprinted figure with permission from [39] Copyright (2006) by the American Physical Society.

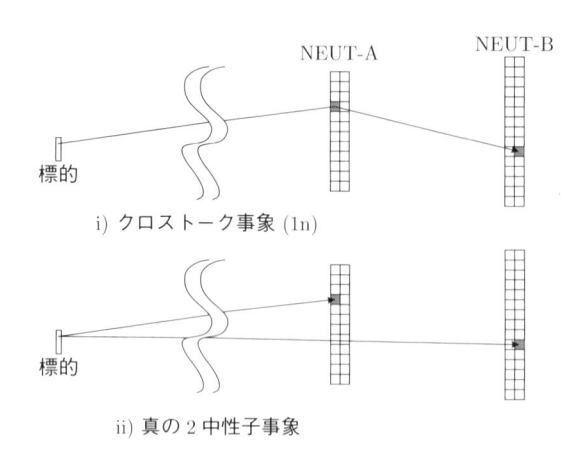

図 4.27 クロストーク事象の概念図. i)1 個の中性子が 2 つの中性子検出器 NEUT-A（第一層）と NEUT-B（第二層）の両方で検出されるような場合. ii)2 個の中性子が独立に NEUT-A, NEUT-B で検出される場合.

子の測定は 1 中性子に比べ格段に難しくなる.

　問題となっていた ^{11}Li のクーロン分解反応実験のデータの齟齬を解決するべく，筆者らは理研で再度クーロン分解反応の実験を行った. この実験では統計量を増やすとともに，クロストーク事象に対する工夫が施された. クロストーク事象では，図 4.27 のように，中性子が NEUT-A(第一層) で散乱された後，速度が入射速度より遅くなる. そこで NEUT-A, NEUT-B（第二層）で 1 つずつ信号が発生した場合に，A-B 間で速度が遅くなる事象を取り除くという手法を取り入れた. この方法によりクロストークをほぼ完全に取り除くことに成功したのである. その結果得られたのが 図 4.26 の黒丸のデータである. このように，先に行われた 3 つの実験では観測されていなかった低励起エネルギー領域に電気双極子遷移強度を得ることに成功し，$E_{\rm rel} \sim 0.3$ MeV のピークが観測された. 得られた $B(E1)$ の積分値は $E_{\rm rel} \leq 3$ MeV のエネルギー領域で 1.42 ± 0.18 $e^2{\rm fm}^2$ (4.5(6) W.u.) と大きく，^{11}Be [31,32] に比べても 40% も強い電気双極子遷移 ($E1$) 強度であった.

　この強度は何を意味するのであろうか. 簡単な結論が電気双極子遷移に関する和則から得られる. ^{11}Li のような 11 対系の多体系を ^{9}Li$+n+n$ という 3 体系で考えるような模型をクラスター模型と呼んでいる. このようなクラスター系の電気双極子応答に対しては以下の和則が成立する. つまり，図 4.18(a) の

ようなコア + 2 中性子系に対し,

$$\sum B(E1) = \frac{3}{4\pi}\left(\frac{Ze}{A}\right)^2 \langle (\boldsymbol{r}_1 + \boldsymbol{r}_2)^2 \rangle \tag{4.52}$$

$$= \frac{3}{4\pi}\left(\frac{Ze}{A}\right)^2 \langle r_1^2 + r_2^2 + 2\boldsymbol{r}_1 \cdot \boldsymbol{r}_2 \rangle \tag{4.53}$$

$$= \frac{3}{\pi}\left(\frac{Ze}{A}\right)^2 \langle r_{c-nn}^2 \rangle \tag{4.54}$$

が成立する.このように $\boldsymbol{r}_1 + \boldsymbol{r}_2$ は r_{c-nn} (コアの重心と 2 中性子の重心間の距離) にも置き換えられる.最も重要なことは,この式の中に $\langle \boldsymbol{r}_1 \cdot \boldsymbol{r}_2 \rangle$ という 2 中性子相関に関する項が含まれることである.つまり,2 つの中性子の開き角 $\langle \theta_{12} \rangle$ が推定できる.この式から,$\langle r_{c-nn} \rangle$ が大きいほど,あるいは $\langle \theta_{12} \rangle$ が小さいほど $B(E1)$ が大きくなることがわかる.つまり,ダイニュートロンのようにコンパクトな系であれば $B(E1)$ は増大する.$B(E1)$ の和則値からダイニュートロン相関の程度を見積もることに使えるのである.

この実験 [39] では,アクセプタンスの制限などから $E_{\rm rel} = 3$ MeV までの和則値しか求められなかったが,実験のスペクトルをよく再現するエスベンセンとバーチによる 3 体模型の計算結果 [40] (図 4.26 の実線) を使うと約 80%の $B(E1)$ 強度が $E_{\rm rel} \leq 3$ MeV に含まれていると見積もられる.したがって,$B(E1)$ の和則値は 1.78±0.22 $e^2{\rm fm}^2$ と評価できる.これを式 (4.54) に代入して

$$\sqrt{\langle r_{c-nn}^2 \rangle} = 5.01 \pm 0.32 \text{ fm}. \tag{4.55}$$

が得られる.さらに,上記の理論模型 [40] で見積もられる 2 中性子が無相関の場合の $B(E1)$ の値 (1.07 $e^2{\rm fm}^2$) と比較して,$\langle \theta_{12} \rangle$=48$^{+14}_{-18}$ 度,という値が導かれた.相関がない場合は 4.3.2 項でも示したように $\langle \theta_{12} \rangle$=90° なので,^{11}Li の場合には 2 中性子の開き角が有意に狭まっており,ダイニュートロン相関が,間接的にではあるが,示されたことになる.つまり,コア対ダイニュートロンの強い分極が起こり,電気双極子励起が強くなったと解釈されたのである.

4.4.7　^{11}Li における sp 混合の起源

ここで,^{11}Li における sp 混合の起源を考えてみる.明(みょう)らによって最近提唱されたテンソル相関理論は,^{11}Li の sp 混合を説明する有力な理論の

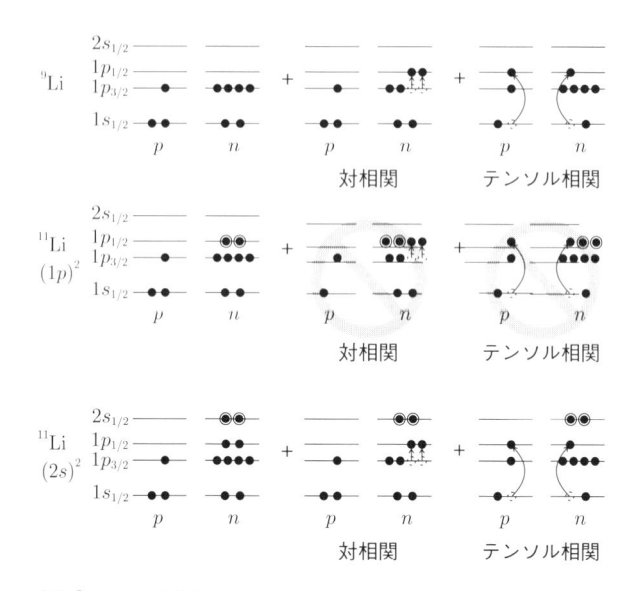

図 4.28　上段）^{9}Li の基底状態の配位．1 粒子軌道に下から順につめた配位（左上），対相関によって $1p_{3/2}$ 軌道の 2 個の中性子が $1p_{1/2}$ 軌道に励起した配位（中上），テンソル相関によって $1s_{1/2}$ 軌道の陽子 1 個と中性子 1 個がそれぞれ $1p_{1/2}$ 軌道に励起した配位（右上）の 3 つの配位の混合状態と考える．中段）^{11}Li が $|(1p)^2\rangle$ 配位をとる場合：^{9}Li の基底状態の配位のうち，左上の配位のみ 2 個の中性子を付け加えられ，対相関，テンソル相関の配位には，パウリの排他律により 2 個の中性子を付け加えることができない．下段）^{11}Li が $|(2s)^2\rangle$ の配位をとる場合：$1p_{1/2}$ 軌道はもともと空席なので ^{9}Li のどの配位でも 2 個の中性子を付け加えることができる．図は文献 [41] を基に作成．

1 つとなっている [41]．そのエッセンスを示したのが図 4.28 である．図の上段が ^{9}Li の基底状態の配位である．^{9}Li の基底状態は，1 粒子軌道に下から単純に詰め込んだ配位（左）に加えて，対相関によって $1p_{3/2}$ 軌道の 2 個の中性子が $1p_{1/2}$ 軌道に励起した 2 粒子 2 空孔（$2p2h$）状態の配位（中），およびテンソル相関によって $1s_{1/2}$ 軌道の陽子 1 個と中性子 1 個が $1p_{1/2}$ 軌道に励起した $2p2h$ 状態の配位（右）の 3 つの配位の混合状態と考える．テンソル力は $S=1$（スピン三重項）の重陽子に働く力だったことを思い出そう（2.4.2 項参照）．つまり $1s_{1/2}$ 軌道にいる陽子と中性子の対にテンソル力が働き，これが励起を促すわけである．明らの計算によると通常の左上のような配位は約 83% で対相関による配位が約 9%，テンソル相関による配位が約 7% となっている．

さて，^{9}Li の基底状態がこの 3 つの配位の混合で書けるとすると，^{11}Li の $|(1p)^2\rangle$ の配位と $|(2s)^2\rangle$ の配位では，^{9}Li コアの状態が同じでなくなる．すなわち，**コアは自由空間の ^{9}Li 核とは異なる**．図の中段に示す $|(1p)^2\rangle$ の配位の場合には，^{9}Li の基底状態に二重丸で示す 2 つの中性子を加えようとすると左上の ^{9}Li の配位の $|(1p)^2\rangle$ 軌道は受け入れ可能であるが，対相関による $2p2h$ 配位，テンソル相関による $2p2h$ 配位では，$|(1p)^2\rangle$ 軌道がそれぞれ 2 個ないし 1 個の中性子ですでに埋まっていて，パウリの排他律のために 2 個の中性子を受け入れることができない．一方，図の下段に示す $|(2s)^2\rangle$ 配位の場合には，$1p_{1/2}$ の軌道が 2 つとも空席のためパウリの排他律の影響はない．したがって，エネルギー的に $|(1p)^2\rangle$ が損をして，相対的に $|(1p)^2\rangle$ 配位と $|(2s)^2\rangle$ 配位の軌道のエネルギー準位が近づくことになり，2 つの配位が混合を起こしやすくなるのである．明らの詳しい計算によると，$|(2s)^2\rangle$ が 47%，$|(1p)^2\rangle$ が 43% であり，知られている実験値 [24,25] とよく合っている．また，同じ理論の枠組みによって ^{9}Li，^{11}Li の核半径，荷電半径，クーロン分解反応のスペクトル（図 4.26）の説明にも成功した．さらに，興味深いことに，この理論でもダイニュートロンの存在が示されている．

4.5　中性子ハロー核の描像と今後の展開

2008 年までは，ハローというと ^{11}Li や ^{11}Be などの質量数 10 前後の原子核の話であった．中性子の軌道は $1p$ 軌道（p 殻と呼ばれる）や $2s, 1d$ 軌道（sd 殻と呼ばれる）に価中性子をもつ原子核である．理研に次世代型の不安定核分離装置 RIBF が立ち上がり，2009 年以降になると，^{31}Ne [42–44]，^{22}C [45, 46]，^{37}Mg [47, 48] などにハロー構造が次々とみつかり，ハローの物理は新時代へと入った．

^{31}Ne や ^{37}Mg は，価中性子が $1f, 2p$ 軌道（fp 殻と呼ばれる，図 4.14 参照）を占める原子核である．^{31}Ne は 1 中性子ハロー核で $2p_{3/2}$ 軌道の中性子がハローを形成する．2014 年には，小林信之と筆者らは，核力による 1 中性子分離反応とクーロン分解反応との感度の違いを利用して，それまでよくわかっていなかった 1 中性子分離エネルギーが $S_n = 0.15^{+0.16}_{-0.10}$ MeV と極めて小さいこと，また四重極変形度が $\beta \sim 0.5$ 程度（長軸/短軸 ~ 1.5）と非常に変形していること

とをつきとめた [44]．^{31}Ne は，中性子数が $N=21$ なので，通常の殻模型に従うと魔法数 20 で閉殻になり，1 中性子が加わって $1f_{7/2}$ 軌道の 1 粒子軌道になるはずである．しかし，そうはなっていなかった．殻構造の進化で強い変形が起こり，p 軌道の割合を増加させたと解釈できる（**変形誘因型ハロー**）．さらに ^{37}Mg についても同様の分解反応の実験から，p 波の変形誘因型中性子ハローの出現が見いだされた [47]．こうした低い軌道角運動量の軌道成分の増加こそがハロー現象である．ハロー現象は確かに，次章で述べる殻構造の進化と深くかかわっている．

この結果は，いまだに未知の，重い中性子ドリップライン核の姿を垣間見せている．現在，ドリップラインは酸素同位体まで確認されている．今後の不安定核研究の進展で，より重い同位体でも，ドリップラインに到達できるようになるであろう．そこでは殻構造は大きく変わり，s 軌道や p 軌道がより混じりやすい状況になっているかもしれない．すべてのドリップライン核がハローとはならないと見られるが，通常の殻模型で予想される限定された領域だけでなく，より広範囲のドリップライン核にハローが存在している可能性がある．

^{11}Li について議論したダイニュートロンがどのように発現するかは興味深い課題である．ダイニュートロンが 2 中性子ハローの本質だとすれば，2 中性子ハロー核はダイニュートロン物理の実験室になる．このような強い 2 中性子相関は中性子星のインナークラストにも現れる可能性があり興味がもたれている [49]．さらに，4 中性子ハローや 6 中性子ハローなどのいわゆる**巨大ハロー**の存在が中性子過剰な Zr 同位体で理論的に予測されている [50]．存在が確認されれば，複数のダイニュートロンでできたハローなのか，あるいは強く相関した 4 中性子系が存在するのかなど，興味がもたれる．このような中性子ドリップライン核の研究を通じて，原子核における多体中性子相関の理解がより進むことだろう．

第5章 不安定核の殻進化 – 魔法数の消失と出現

　原子核の秩序が最もよく現れているのが，殻構造と，その結果として得られる魔法数であろう．安定核について知られた魔法数は 2, 8, 20, 28, 50, 82, 126 で，この数の中性子数や陽子数をもつ原子核（閉殻核）は，そうでない原子核に比べて特に安定になる．4.2.2 項では，こうした安定核の殻模型を簡単に概観し，ハロー核 ^{11}Be に現れる特異な殻構造を紹介した．通常の殻の準位については図 4.14 にまとめてあるので，必要に応じて参照されたい．

　魔法数は，殻を構成する準位間のエネルギー間隔，いわゆる殻ギャップ（以後「ギャップ」と呼ぶ）が大きく開くときに出現する．例えば，魔法数 20 の陽子数，中性子数をもつ二重閉殻核 ^{40}Ca の場合，図 5.1（左）のように $1d_{3/2}$ 軌道と $1f_{7/2}$ 軌道の間には大きなギャップ（約 5 MeV）が開いているために，$1d_{3/2}$ から $1f_{7/2}$ 軌道への励起は簡単には起こらない．つまり，図のように下の準位から順に詰めていくと，$1d_{3/2}$ 軌道が満杯になった状態となる．閉殻核で任意の軌道がすべて核子で占有されているとき，$j = -m, -m+1, ..., m$ はすべて埋まっているので核子の軌道の全角運動量の和は 0 になる．したがって閉殻核の基底状態のスピン・パリティは $J^\pi = 0^+$ であり，かつ方向性がないので必ず**球形になる** [1]．また，偶偶核の第一励起状態のスピン・パリティは少数の例外を除いて $J^\pi = 2^+$ になるが，魔法数をもつ閉殻核では第一励起状態のエネルギーが特に高くなる．こうした閉殻の性質は，中性子ないし陽子のみが魔法数でも一般に成り立つと考えられてきた．したがって，この章で述べるように魔法数が中性子数によって変化するという現象がわかってきたのは，不安定核研究が進んできてからのことである．

　この先の議論を進めるうえで重要な 1 粒子軌道についても復習しておこう．

---

[1] 実際には閉殻核に限らず，偶偶核の基底状態は必ず 0^+ になる．対相互作用のために 2 核子でスピン 0 を組むためである．ただし，すべての偶偶核が球形であるとは限らない．

第 5 章 不安定核の殻進化 – 魔法数の消失と出現

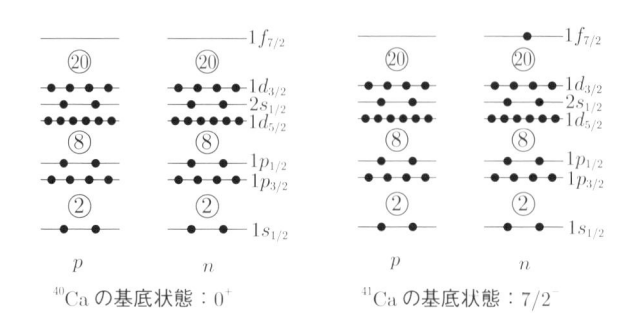

図 5.1 （左）2 重閉殻核 ^{40}Ca の殻構造．（右）^{41}Ca の殻構造

図 5.1（右）は ^{41}Ca の基底状態の殻構造を示したものである．このように（閉殻+1 核子）の系 ^{41}Ca は，^{40}Ca を不活性なコアとして，その平均ポテンシャルの中にいる $1f_{7/2}$ 軌道の 1 中性子の状態（**1 粒子状態**）とみなせる．したがって，^{41}Ca の基底状態のスピン・パリティは，$1f_{7/2}$ 軌道で決まり，$J^\pi = 7/2^-$ となる．^{41}Ca の 1 中性子分離反応やピックアップ反応 ^{41}Ca$(p,d)^{40}$Ca を行うと，$1f_{7/2}$ 軌道に対する分光学的因子（1 粒子状態の占有率）はほぼ 1 になる．

本章で議論するのは，不安定核における魔法数の消失や新魔法数の出現など，特に中性子過剰核における殻構造の変化である．中性子の数が増えることによって変化していく殻構造の変化を**殻進化**と呼んでいる．

図 5.2 は，従来の魔法数が消失した不安定核群，あるいは新たに魔法数が出現した不安定核群を核図表上に模式的に示したものである．特に ^{32}Mg を中心とする $Z = 10 - 12$，$N \sim 20$ の領域は「**逆転の島**」と呼ばれ，$N = 20$ や $N = 28$ の魔法数の消失，$N = 16$ の新魔法数の出現とも関連して，これまで多くの実験が精力的に行われ，殻進化研究の中心となってきた．本章では，この逆転の島現象の研究を中心に殻進化の物理を紹介したい．

5.1 逆転の島の発見と魔法数 $N=20$ の破れ

魔法数は中性子数を増やしても変わらないという核物理の常識を覆す代表的な例が，中性子過剰核で $N = 20$ 魔法数が破れるという現象である．核図表上で基底状態が通常の殻構造に従わない原子核が島のように現れるので，これを

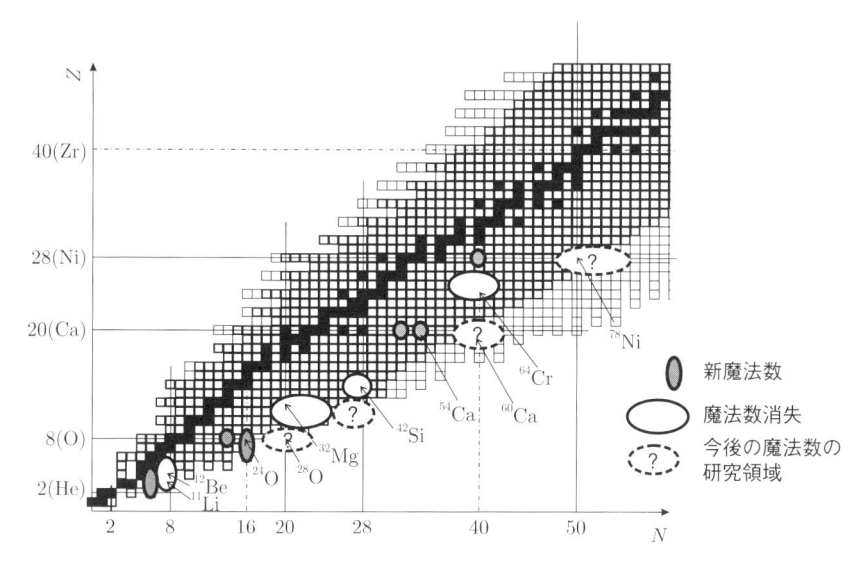

図 5.2 殻構造の進化. 魔法数 2, 8, 20, 28, 50, 82, 126 は核図表内では不変と考えられていた. しかし, 中性子過剰領域では, 魔法数 $N=8, 20, 28$ が消失し, $N=6, 14, 16, 32, 34$ などの新魔法数が発見されている. これらは原子核のどのような性質によるのだろうか. まだそのメカニズムの完全な解明はなされていないが, 多くの不安定核の実験と最近の理論の進展により, そのメカニズム解明の一歩手前まで来ている. 一方, ^{28}O, ^{40}Mg, ^{60}Ca, ^{100}Sn, ^{78}Ni などの二重閉殻核（候補核含む）やその周辺核の性質はほとんどわかっていない. 今後の不安定核研究の中心となると期待される.

逆転の島と呼んでいる.

その最初の兆候は, 中性子数が過剰なナトリウム同位体 ^{31}Na($N=20, Z=21$) に対して行われた質量の測定において得られた. オンライン同位体分離装置（ISOL, 3.4 節）のパイオニア的施設, CERN の ISOLDE では, 1970 年代にはすでにナトリウムの不安定核が作られるようになっていた. ナトリウムはイオン化ポテンシャルが小さいため簡単にイオン源から引き出せたからである. 本格的に魔法数 $N=20$ の破れが研究されるようになったのは, インフライト型不安定核分離装置を用いて, 強力な不安定核ビームが使われるようになった 90 年代半ば以降である.

5.1.1 質量の異常

原子核の質量は原子核の安定性を示す指標となる．ティボーらは ISOLDE で質量数 26 から 32 の Na 同位体を生成し，その質量を測定した [51]．図 5.3 は，ティボーらの得た 2 中性子分離エネルギー $E_{2n}(=S_{2n})$ を Na の同位体に対して中性子数 N について並べたものである．2 中性子分離エネルギーが大きいほど 2 中性子を抜くのにエネルギーが必要，つまり，より安定ということになる．通常は，図の P($Z=15$)，S($Z=16$)，Cl($Z=17$)，Ar($Z=18$)，K($Z=19$)，Ca($Z=20$) の場合のように，E_{2n} は中性子過剰になるほど単調に減少していく．また魔法数を超えると安定性が低下するため，E_{2n} は急激に低下する．実際，陽子が魔法数 20 の Ca 同位体で，^{40}Ca($N=20$) に比べて ^{41}Ca($N=21$) の E_{2n} が急に小さくなっていることが見てとれる．ところが，どういうわけか ^{31}Na($N=20$) や ^{32}Na($N=21$) では，E_{2n} が ^{30}Na に比べて逆にやや大きくなる傾向が見られた．つまり，^{31}Na, ^{32}Na は何らかのメカニズムでより安定的になっていた．

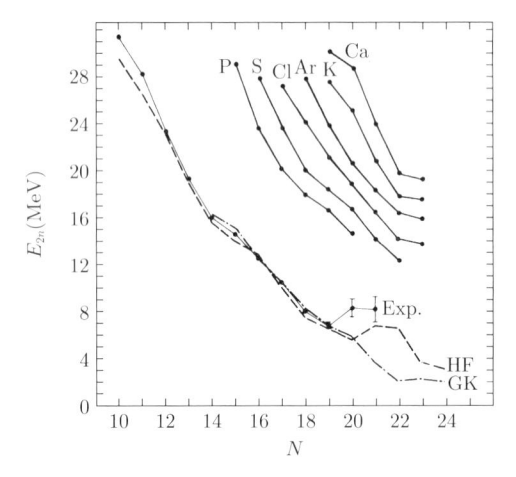

図 5.3 ティボーらが CERN ISOLDE で観測した Na 同位体の質量を，2 中性子分離エネルギー E_{2n} に換算して中性子数 N の関数でプロットしたもの．比較のために P, S, Cl, Ar, K, Ca の E_{2n} も載せている．HF はハートリーフォック計算（平均場計算），GK は現象論的な質量公式の結果．通常は中性子数が多くなると単調に E_{2n} が減少していくのだが，^{31}Na, ^{32}Na では E_{2n} が増加傾向にある（より安定化する）ことが観測された．図は文献 [51] より転載 [*]．

---

[*] Reprinted figure with permission from [51] Copyright (1975) by the American Physical Society.

5.1.2 殻構造の異常と逆転の島

この中性子過剰 Na 同位体の質量の異常を，$N = 20$ 付近の殻構造の異常と変形によって説明しようとしたのがウォーバートンとブラウンを始めとする殻模型理論家たちである．図 5.4（左）は，質量の異常を示す原子核を核図表に示したものである [52]．$Z = 10, 11, 12$，$N = 20, 21, 22$ の 9 種の原子核の質量の観測値が，$N = 20$ の閉殻構造を仮定した殻模型計算と比べて有意に小さかったのである．これらの中性子過剰核はより安定であったということになる．この領域を「逆転の島」と称した．図 5.4（右）（口絵 3）には，より最近の殻模型計算によるプロットを示した．これも $N = 20$ の閉殻構造を仮定した場合の計算であるが，より定量的に逆転の度合いが議論できるようになっている．

通常 $N = 20$ 近辺の原子核は，その殻ギャップが大きいために球形である．しかし，**何らかのメカニズムで** $N = 20$ **のギャップが狭まり**，このギャップを超えて励起した状態が基底状態になる可能性はないだろうか．実際，逆転の島の

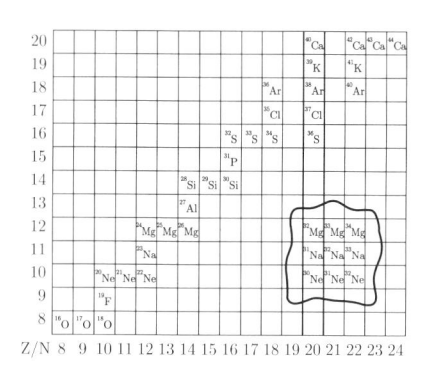

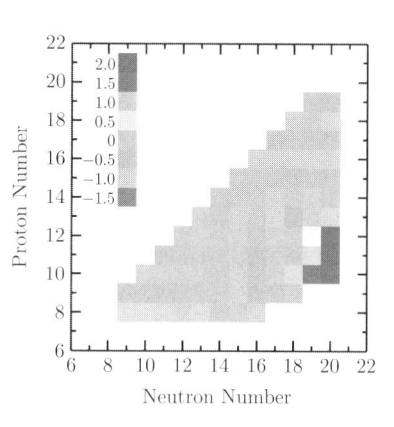

図 **5.4** 左）逆転の島を核図表上（横軸中性子数，縦軸陽子数）に示した図．$N = 20, 21, 22$，$Z = 10, 11, 12$ に質量の異常が見られるいわゆる「逆転の島」を示す．図は文献 [52] から転載 *)．右）最近の殻模型計算で得られる質量を実測値と比較した図．${}^{32}_{12}\mathrm{Mg}$，${}^{31}_{11}\mathrm{Na}$，${}^{30}_{10}\mathrm{Ne}$ は 2 MeV 以上安定化しており，これらが $N = 20$ の魔法性を失った原子核であることがわかる．図は文献 [53] より転載 **)（口絵 3）．

---

*) Reprinted figure with permission from [52] Copyright (1990) by the American Physical Society.
**) Reprinted figure with permission from [53] Copyright (2006) by the American Physical Society.

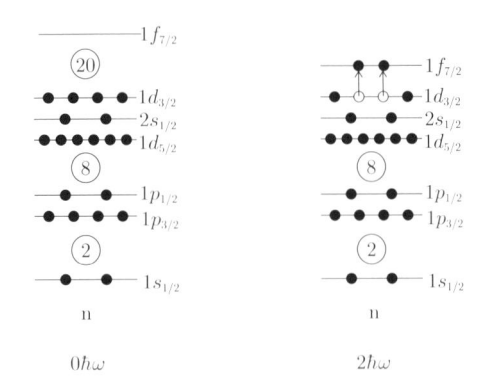

第 5 章 不安定核の殻進化 – 魔法数の消失と出現

図 5.5 逆転の島の殻構造．通常の殻模型を仮定すると $N = 20$ のギャップを超えて中性子はほとんど励起しない．つまり励起無しなので $0\hbar\omega$ 状態が基底状態となる．一方，逆転の島の原子核では $N = 20$ を超えて中性子が 2 個励起した状態 ($2\hbar\omega$ 状態) が基底状態となる．

原子核では **2 個の中性子**が $N = 20$ のギャップを超えて $1f_{7/2}$ 軌道やさらに上の $1p_{3/2}$ 軌道に励起した状態が基底状態になっていると考えられている．この 2 個の中性子の励起した状態は **2 粒子 2 空孔状態**（$2p2h$ 状態），あるいは $2\hbar\omega$ **状態**と呼ばれる．なお 1 核子の励起 ($1\hbar\omega$) ではなく 2 核子の励起となるのは，$1\hbar\omega$ の励起ではパリティがマイナスとなり，基底状態が 0^+ とならないからである．「逆転の島」の逆転とは $0\hbar\omega$ 状態が基底状態とならずに $2\hbar\omega$ 状態が逆転して基底状態となっている，という意味である．

もちろん $2\hbar\omega$ 状態が基底状態になるには，何らかの仕組みがあってエネルギーが低くなる（お得になる）必要がある．つまり

$$2\hbar\omega - E_{corr} < 0, \tag{5.1}$$

でなければならない．ここで，E_{corr} は何らかの仕組み（多体相関）によってお得となるエネルギーである（correlation energy と呼ばれる）．

実際，$2\hbar\omega$ 状態が基底状態になることでお得になることがある．それは，$N = 20$ の魔法数が消失するので，球形でなくてもよいということである．球形という空間的対称性を破ると縮退が解けて，よりエネルギーの低い状態に移りうる．その状況を定性的に示したのが図 5.6 である．

このように，対称性を破ることで縮退が解けてエネルギーがお得になる現象を「自発的対称性の破れ」と呼んでいる．南部陽一郎は素粒子が質量を獲得す

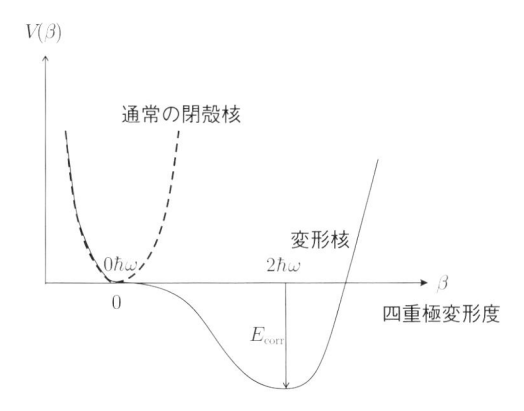

図 5.6 逆転の島は変形が関与していることを説明する図. $N=20$ の閉殻構造が成り立っているとすると変形度は 0 であるが, $2\hbar\omega$ の励起が混じることによって閉殻構造が破れ, より変形すればエネルギー的にお得になる. 変形というのは回転対称性を破ることに相当し, 自発的対称性の破れ現象の一種である.

る機構を「自発的対称性の破れ」で説明したが, このような物理現象は超伝導をはじめとして広く存在する.

逆転の島で変形がどうして進むのか, どうして $N=20$ という魔法数を消失させて $2\hbar\omega$ 状態が基底状態になるのかというメカニズムについては, 現在でもまだ決着がついていない. 後で述べるように, 殻理論ではテンソル力などの中性子・陽子間の残留相互作用の変化が効いていると考えており, 一方で弱束縛 (ハロー) の効果が軌道を変え, 変形を促進するという理論もある. これらについては, 最近の実験の進展を見た後で触れることにする.

5.1.3　不安定核インビーム γ 線核分光の登場 – ^{32}Mg のクーロン励起

逆転の島の存在と魔法数 $N=20$ の破れを決定づけたのが, 理研で行われた本林らによる ^{32}Mg のクーロン励起の実験である [54]. ^{32}Mg は, 図 5.4 で示したように, 逆転の島内にあると期待される中性子過剰核である.

魔法数の有無は偶偶核の場合, その第一励起状態 ($J^\pi = 2^+$) のエネルギー $E(2^+)$ や関連する遷移強度で判断できる. ^{32}Mg の第一励起状態は, CERN の ISOLDE での ^{32}Na の β 崩壊の実験から知られていて $E(2^+) = 0.886$ MeV であり, 同じ $N=20$ の核 ^{34}Si の $E(2^+) = 3.327$ MeV に比べ 4 分の 1 程度しかない. これが ^{32}Mg で $N=20$ という魔法数が破れていることを示す最初の兆候であった.

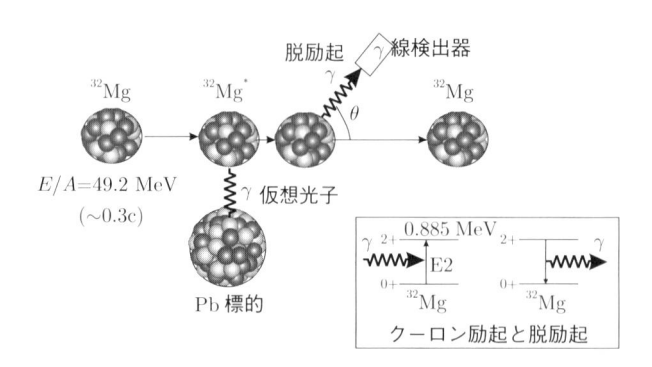

図 5.7 ^{32}Mg のクーロン励起の模式図．Pb 標的を通過する際の強いクーロン力により ^{32}Mg は第一励起状態へと励起する．第一励起状態はすぐに脱励起するので，その放出 γ 線と，前方に放出される ^{32}Mg とを同時計測する．脱励起 γ 線は実験室系の検出器ではドップラー効果分エネルギーがシフトする．右下の枠内：^{32}Mg の第一励起状態への励起と，そこからの脱励起を準位図で示した．$E2$（電気四重極）遷移を起こす．

閉殻核は球形なので，魔法数の消失の直接的証拠は**変形度**を調べることで得られるが，クーロン励起は変形度を得る有力な手法の１つである．ただし，安定核で有用なプローブとして確立していたクーロン励起は，この実験以前，不安定核への応用は困難であると考えられていた．

^{32}Mg を例に，図 5.7 を用いてクーロン励起の実験を説明しよう．クーロン励起とは，4.4.2 項でも説明したように，入射核が Z の大きい標的核の近傍を通過する際，強いクーロン力によって励起する過程である．仮想光子の吸収によって励起すると考えてもよい．クーロン分解反応の場合，励起状態は中性子などを放出して文字通り分解するのだが，通常のクーロン励起では核子を放出することはなく，そのまま γ 崩壊する．^{32}Mg の実験では，基底状態の 0^+ から第一励起状態 (2^+) へのクーロン励起を調べており，電気四重極 ($E2$) 遷移である．励起状態は中性子崩壊の閾値より低いため基底状態にすぐに γ 崩壊するが，この脱励起 γ 線を実験では測定する．クーロン分解反応のように，励起状態が中性子を放出するのは，励起エネルギーが非常に高いか，ドリップライン近傍核のように中性子放出の閾値が 1 MeV 未満のように低い場合に限られる．

さて，安定核を対象として従来行われてきたクーロン励起の実験は，調べられる対象が標的核であり，Z の比較的大きい入射核をクーロン障壁を超えない程度の低いエネルギー（核子あたり 5MeV 程度）で反応させて行われていた．

クーロン障壁を超えなければ核力の到達範囲に入らないので，核力の寄与がまったくない純粋なクーロン励起になるからである．

本林らは，核子あたり 5 MeV 程度ではなく，その約 10 倍の核子あたり 49 MeV で ^{32}Mg のクーロン励起を行った．**中間エネルギークーロン励起**と後に呼ばれるようになったこの手法では，核力励起によるバックグラウンドが含まれてしまう．しかし，中間エネルギーでは，クーロン励起の断面積が核力励起の 10 倍近くあり，後者の成分の理論的推定も可能であったため，クーロン励起成分を引き出せることがわかった．つまり，入射エネルギーが高い場合でもクーロン励起はコントロール可能であることがわかったのである．

この ^{32}Mg のクーロン励起の実験は，**クーロン励起の初の不安定核への応用**という意味で重要だったばかりでなく，**不安定核ビームによるインビーム γ 線核分光**の先駆けともなった．インビーム γ 線核分光というのは，加速器で加速されたビームと標的との核反応を起こした際に放出される γ 線の測定から，核構造を探る実験手法のことである．そもそも γ 線を用いる核分光は，α 崩壊や β 崩壊などに伴って静的に放出される γ 線を測定する分光法が核物理の黎明期から行われてきた．その後，加速されたビーム（安定核）による反応で放出される γ 線を直接測定するインビーム γ 線核分光が行われるようになり，原子核の回転励起準位などが効率よく調べられるようになった．その結果，例えば，原子核の超変形状態がみつかり $\ell = 60\hbar$ にも及ぶ高い角運動量状態が測定された．

一方，インビーム γ 線核分光を不安定核ビームの実験に適用しても，ビームの量が少なく，その角度やエネルギーも広がっているために，有用な核構造の情報は得られないものと考えられてきた．しかし，この中間エネルギークーロン励起実験の成功により，インビーム γ 核分光が，不安定核構造を探る極めて有力な手法であることが示されたのである．

もちろん，不安定核のインビーム γ 線核分光の実験では，安定核の実験にはない工夫が必要となる．標的側が分光の対象となる安定核どうしの反応を用いた場合には，γ 線がほぼ実験室静止系から放出される．一方，不安定核反応の場合，γ 線は相対論的速度をもつ不安定核から放出されるため，γ 線のエネルギーが実験室系でドップラーシフトするのである．これを補正してやらねばならない．

^{32}Mg のクーロン励起実験の場合，^{32}Mg は光速の約 30%の速度で走っていた．実験室で観測される γ 線のエネルギー $E_\gamma^{(lab)}$ と，^{32}Mg がその静止系で発生さ

せた本来の γ 線のエネルギー E_γ の間には，

$$E_\gamma = \gamma(1 - \beta\cos\theta)E_\gamma^{(lab)}, \qquad (5.2)$$

の関係がある．ここで θ は，実験室系における ^{32}Mg の散乱方向と γ 線の放出方向の間の開き角であり，$\beta(=v/c)$ は ^{32}Mg の速さ（光速 c に対する割合），γ は $1/\sqrt{1-\beta^2}$（ローレンツ因子）である．方向によってドップラーシフトの割合が異なるので，γ 線の放出方向が調べられるように γ 線検出器を細かく分割しておかなければならない．この実験では 60 個の NaI(Tl) 結晶 (6cm×6cm×12cm) が使われた．なお，後に理研と立教大学のグループにより，200 本近い NaI(Tl) 結晶からなる DALI2 アレーが開発・建設された [55]．

ドップラーシフトが補正できれば，γ 線のビーム重心系でのエネルギー E_γ が求められる．γ 線のエネルギーは，不安定核ビームの広がりや標的中でのエネルギー損失にはそれほど大きく依存せず，比較的良い分解能で得られるので，準位のエネルギーやその遷移確率が決められる．また，入射ビームの速度が光速の 30% 程度もあれば，比較的厚い標的を用いることができ，前方に放出される ^{32}Mg も比較的小さい検出器やスペクトロメータで捕捉することができる．まさに，ビーム量が少なくビームの広がりもある不安定核ビームの実験にうってつけの特長をもっていたのである．

こうして得られた ^{32}Mg の脱励起 γ 線のスペクトルを図 5.8 に示す．図のように 2^+（第一励起状態）$\to 0^+$（基底状態）の遷移を示す鋭いピークが観測された．この数をカウントすればクーロン励起の断面積が導出できる．クーロン励起の断面積はクーロン分解の断面積のように，（仮想光子の数）×（換算遷移確率）の形で表されるので，換算遷移確率が直接導き出せる．^{32}Mg のこの遷移は $E2$ なので，換算遷移確率は $B(E2)$ という量で表される．一般の $B(E\lambda)$ の式（式 (4.39)）に示したように，$B(E2)$ は 0^+ から 2^+ への行列要素であり，遷移確率でもある．この実験で得られた $B(E2)$ の値は $B(E2) = 454\pm78\ e^2\text{fm}^4$ と非常に大きいものであった．

$B(E2)$ の値は，さらに四重極変形度 β に焼き直せる [56]．すなわち，四重極変形パラメータ β と $B(E2)$ の間には

$$\beta = \frac{4\pi}{3ZeR^2}\sqrt{B(E2)}, \qquad (5.3)$$

という関係がある．Z, R はそれぞれ ^{32}Mg の原子番号（陽子数）と核半径であ

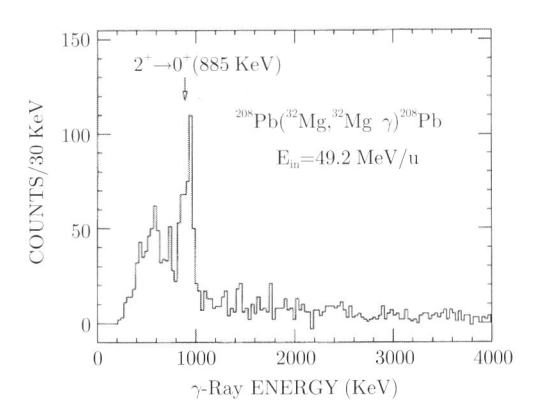

5.1 逆転の島の発見と魔法数 $N=20$ の破れ

図 5.8 ^{32}Mg+Pb で得られた脱励起 γ 線のスペクトル．ドップラー効果によるエネルギーシフトは補正済み．$2^+ \to 0^+$ の脱励起 γ 線のピークが観測された．図は文献 [54] より転載 [*]．

る．この関係を用いて $\beta = 0.512 \pm 0.044$ が得られた．β が 0.5 程度というのは長軸と短軸の比が 3:2 程度の非常に大きな変形に相当する．この実験結果は，$N=20$ であるにもかかわらず強く変形していることを示しており，$N=20$ という魔法数が消失している強い証拠となった．

図 5.9 は $N=20$ のアイソトーン（同中性子体）について $B(E2)$ の値をプロットしたものである．^{32}Mg の $B(E2)$ が $^{38}_{18}\text{Ar}_{20}$，$^{36}_{16}\text{S}_{20}$ に比べて 4 倍程度も大きいことがわかる．図 5.9（上）はカステンによる $N_p N_n$ 理論と呼ばれる現象論との比較である．$N_n = 12$，$N_n = 0$ の帯は，それぞれ，閉殻の外にあるアクティブな価中性子の個数が，それぞれ 12 個，0 個の場合に予想される $B(E2)$ の範囲である．^{38}Ar や ^{36}S は $N=20$ の閉殻核を示す $N_n=0$ とよく合うが，^{32}Mg は $N=8$ の閉殻の外の 12 個が自由な価中性子になっており，$N=20$ が閉殻ではないことを示している．図 5.9（下）は殻模型計算との比較である．破線は sd 殻 [2] のみの計算，つまり $N=20$ のギャップを超えて励起することを禁止した計算，実線は $sd+pf$ 殻 [3] の計算，つまり $N=20$ のギャップを超える励起を許した場合の計算である．^{32}Mg の場合には明らかに $N=20$ を超える

---

[*] Reprinted from [54] Copyright (1995), with permission from Elsevier.
[2] sd 殻とは，$N=8$ と $N=20$ のギャップの間にある軌道，すなわち $1d_{5/2}$，$2s_{1/2}$，$1d_{3/2}$ 軌道を表す．
[3] pf 殻とは，$N=20$ の上にある $1f_{7/2}, 2p_{3/2}, 1f_{5/2}, 2p_{1/2}$ 軌道のことである．図 4.14 を参照のこと．

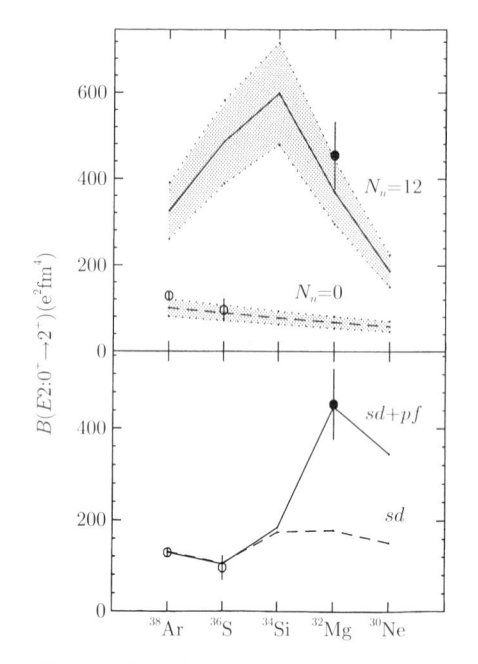

図 5.9　^{32}Mg+Pb で得られた基底状態 (0^+) から第一励起状態 (2^+) への $E2$ 遷移の換算遷移確率 $B(E2)$ を，^{38}Ar，^{36}S（$N = 20$ のアイソトーン）と比較したもの．（上）$N_n N_p$ 理論との比較．^{32}Mg では価中性子の数が 0 でなく 12 となり閉殻が $N = 20$ ではないことを示唆している．（下）殻模型計算．sd は $N = 20$ を超えて励起しないとする模型．$sd + pf$ は $N = 20$ を超えて励起することを考慮した殻模型計算．図は文献 [54] より転載 *)．

励起を許さなければならない．

　この ^{32}Mg のクーロン励起はエポックメーキング的な実験となった．この後，中間エネルギーでクーロン励起を初め，さまざまなインビームガンマ線核分光が登場することになる．また，**逆転の島**という概念が確立し，どこまで逆転の島が広がっているのか，どのくらい変形しているのかなどが，その後集中的に $N = 20$ 近辺で調べられることになる．NaI(Tl) 検出器だけでなく，高いエネルギー分解能をもつ Ge 検出器による γ 線測定も開始された．現在では γ 線の検出器内での飛跡解析も可能な Ge 検出器アレー GRETINA や AGATA Demonstrator が開発されている．MSU では GRETINA が不安定核ビームの実験に応用され，

---

*) Reprinted from [54] Copyright (1995), with permission from Elsevier.

数 keV 程度の分解能で不安定核のインビーム γ 線核分光ができるようになった．

5.2 逆転の島 – 研究の展開

$N = 20$ の魔法数が消失し，強く変形している「逆転の島」は，核図表上でどこまで広がっていて，どのような性質をもっているのか．さらにはどのようなメカニズムで逆転の島という現象が中性子過剰核に出現するのか．これを見るために，ここでは不安定核ビームによる実験，特に「インビーム γ 線核分光」で次々と明らかになっていった逆転の島の原子核の性質を見て行くことにする．ハロー核のときもそうであったが，さまざまな実験の手法が開発されて，その物理の理解が飛躍的に進んだ．

5.2.1 核破砕反応を用いたインビーム γ 線核分光

インビーム γ 線核分光法は，クーロン励起以外の反応にもすぐに応用できる．つまり，何らかの反応によって，不安定核の励起した状態を作ることができれば，その脱励起 γ 線を測定することによって，さまざまな励起準位を観測することが可能となるわけである．偶偶核の変形度を調べる有力な手法が，クーロン励起による基底状態から第一励起状態 (2^+) への $E2$ 遷移の観測であった．ただし，これでは励起準位が第一励起状態にほぼ限られてしまう．

偶偶核の低い励起は，閉殻に近い核で球形であれば図 5.10(a) のような表面振動に起因し，閉殻から遠い核で強く変形していれば同図 (b) のような回転運動に起因する．また，閉殻 + 2 核子のような場合，2 核子が対相互作用でより安定化するが，この対相互作用によっても準位が分裂する（同図 (c)）．このように核が球形か変形しているか，2 核子間の残留相互作用が強いか否かなどによって，0^+，2^+，4^+ という低励起準位の現れ方がまったく違う．

これらのスペクトルを簡単に説明しよう．まず，球形に近い核で起こる表面振動 (a) であるが，球形のまわりで原子核の四重極変形を誘発するような振動と考えればよい．図 5.6 から推察されるように，振動準位は調和振動子で表せてフォノン状態となり，四重極振動の場合は，

$$E_N = \left(N + \frac{5}{2}\right)\hbar\omega, \tag{5.4}$$

114   第 5 章　不安定核の殻進化 – 魔法数の消失と出現

（a）表面振動　　　　　　　　　（b）回転　　　　　　　　（c）対相互作用

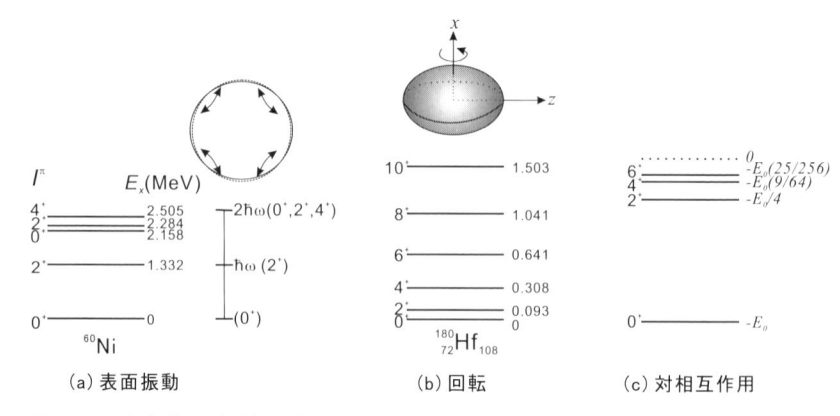

図 5.10　偶偶核の低励起エネルギー付近のスペクトルの例．(a) 表面振動の例 (^{60}Ni)．四重極振動は理想的には基底状態 (0^+)，第一励起状態 (2^+)，第二励起状態 (0^+, 2^+, 4^+) が等間隔で並ぶ．(b) 回転運動によるスペクトル (回転バンド) の例 (^{180}Hf)．0^+, 2^+, 4^+, 6^+,... が $I(I+1)\hbar^2/2\mathfrak{I}$ のエネルギーで並ぶ．(c) 2 核子による対相互作用のエネルギー準位．0^+ が大きく下がる他は，対相互作用のエネルギーはあまり大きくない．

と表せる．このように $\hbar\omega$ ごとに**等間隔**で準位が出現するのが特徴である．なお，この ω は表面振動の角振動数であり，殻模型での $\hbar\omega$ (図 4.14) とは関係ないので注意されたい．第二励起状態は，理想的な調和振動子では 0^+, 2^+, 4^+ の 3 つの状態が縮退するのだが，^{60}Ni の例のように，実際には完全な調和振動子でないため縮退が解け，励起エネルギーも $2\hbar\omega$ より若干ずれる．

一方，回転運動は，核が強く**四重極変形**している場合に起こる．四重極変形は楕円体の形をしていて回転対称軸 (z 軸) に垂直な軸 (例えば x 軸) のまわりに回転運動が起こり，そのエネルギー準位は，

$$E(I) = \frac{I(I+1)\hbar^2}{2\mathfrak{I}}, \tag{5.5}$$

と書ける．I は核スピン，つまり角運動量であり，$\mathfrak{I}$ は慣性モーメントを表す[4]．式 (5.5) は，古典的な回転運動のエネルギーが，角運動量の大きさを L としたときに，

$$E = \frac{L^2}{2\mathfrak{I}}, \tag{5.6}$$

---

[4] 慣性モーメントの記号は本来は "I" なのだが核スピンの I と区別をするために核物理では花文字の $\mathfrak{I}$ を使う．

のように表せることと対応している．

対称性により，偶偶核の回転準位は $I^\pi = 0^+, 2^+, 4^+, \ldots$ のように偶数のスピンで ＋パリティしか許されない．この場合，式 (5.5) より，$E(4^+)/E(2^+) = 10/3$，$E(6^+)/E(2^+) = 7$ となる．図 5.10(b) は変形核として知られる $^{180}_{72}\mathrm{Hf}_{108}$ の例で，$E(4^+)/E(2^+) = 3.31$，$E(6^+)/E(2^+) = 6.87$ と，ほぼ純粋な回転運動スペクトルになっていることがわかる．実際に，閉殻から離れた中重核 ($N \sim 100, Z \sim 70$) では，ほとんど $E(4^+)/E(2^+) \sim 3$ であり，よく四重極変形していることが知られている．

最後に図 5.10(c) のような対相互作用による準位の分離を見てみよう．2 個の中性子や 2 個の陽子（同種の 2 核子系）は，対相互作用によってより安定化することが知られている．例えば，対相互作用は式 (2.3)（質量公式）の最後の項にも現れていた．図 5.10(c) は，2 核子がデルタ関数型の接触相互作用 $\delta(\boldsymbol{r})$ に対して計算されるエネルギー準位を示す．ここで基底状態のエネルギーのずれ E_I は，核スピンを I，対をなす個々の核子の全角運動量を j として，

$$E_I = -G\left(j + \frac{1}{2}\right)|\langle Ij0\frac{1}{2}|j\frac{1}{2}\rangle|^2 \approx -G\left(j + \frac{1}{2}\right)\left(\frac{I!}{2^I(I/2)!(I/2)!}\right)^2, \quad (5.7)$$

と書ける [57]．図のように 0^+ のエネルギーのみが大きく下がり ($-E_0$)，残りの $2^+, 4^+\ldots$ はほぼ縮退している．つまり基底状態 (0^+) が対相互作用でカップルした 2 核子系の状態となっている．j が大きいほど対相互作用が強くなることも見てとれる．

以上のことから，第一励起状態 (2^+) だけでなく第二励起状態 (4^+) も調べられれば，変形の有無や閉殻性がより鮮明にわかるだろう．中間エネルギークーロン励起では第一励起状態への励起が強く，なかなか 4^+ 以上の状態を励起できなかった．そこで米田らは**入射核破砕反応**を用いて第一励起状態と第二励起状態のどちらも励起する手法を開発し，$^{32}\mathrm{Mg}$ と $^{34}\mathrm{Mg}$ に応用した [58]．

入射核破砕反応は，不安定核の生成に用いられているように，原理的にはどのような状態でも生成することができる．図 5.11 に示すように，入射核破砕反応で励起エネルギー E_x，核スピン I の「初期状態」ができたとしよう．初期状態は，γ 線を次々に放出しながら，最終的にはある核スピン I の最低エネルギー状態まで落ちてくる．あるスピン I に対して，エネルギーが最も低い準位を結ぶ線を「イラスト線 (Yrast Line)」と呼んでおり，例えば変形核の回転バ

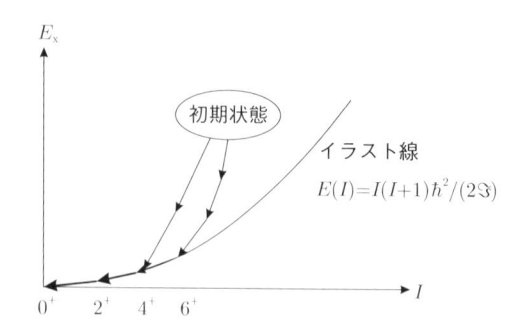

図のグラフ領域:
縦軸 E_x、横軸 I、曲線が「イラスト線」、$E(I)=I(I+1)\hbar^2/(2\Im)$、初期状態から $0^+, 2^+, 4^+, 6^+$ へのカスケード遷移。

図 5.11 核破砕反応で作られた初期状態 (E_x, I) が最終的にはそのスピンの最低エネルギーの線（イラスト線）にたどりつく．γ 線を測定するとイラスト線上のガンマ線崩壊が特に強く観測される．なお，安定核どうしの核融合反応などで，イラスト線上をカスケード崩壊するガンマ線を測定するのが通常のインビームガンマ線核分光である．

ンドは通常イラスト線となる．イラスト線は雨を集める「樋」のような役割を果たす．したがって最終的に $4^+ \to 2^+ \to 0^+$ のようにイラスト線上で γ 崩壊し，その強度が特に強くなる．実際，安定核ビームで行われてきたインビーム γ 線核分光は，イラスト線にそってカスケード崩壊[5]する γ 線の測定を中心に行われてきた．イラスト線に沿う γ 崩壊は強度が強くなるので，バックグラウンドに埋もれず観測されやすいのである．

米田らは，実験でもう一工夫している．安定核ビームの入射核破砕反応で ^{32}Mg や ^{34}Mg の励起準位を直接生成するのではなく，まずはインフライト型不安定核分離装置（理研 RIPS）で ^{40}Ar ビーム（安定核）から ^{36}S（不安定核）を入射核破砕反応によって作り，分離した後，^{36}S+^{9}Be という反応によって ^{32,34}Mg の励起状態を生成した．いわゆる**二段階核破砕反応**である．^{40}Ar ビームの強度は一次ビームなので毎秒 10^{11} 個のオーダーであるが，二次ビームの ^{36}S の強度は毎秒 2×10^4 個程度になる．二次ビームはビーム量が少ないので γ 線のバックグラウンドがかなり低減できる．

図 5.12 にはこうして得られた，^{32}Mg の γ 線スペクトルを示す．図 5.12(a) は実験室系で見た γ 線スペクトルで，これではピークがはっきりしない．図 5.12(b) のように，ドップラーシフトの補正を行って初めて，885 keV と 1430 keV とい

---

[5] 高い励起状態から何回かの γ 崩壊を連続して起こすような崩壊をカスケード崩壊と呼んでいる．カスケード (cascade) は英語で階段状に連続する滝を意味する．

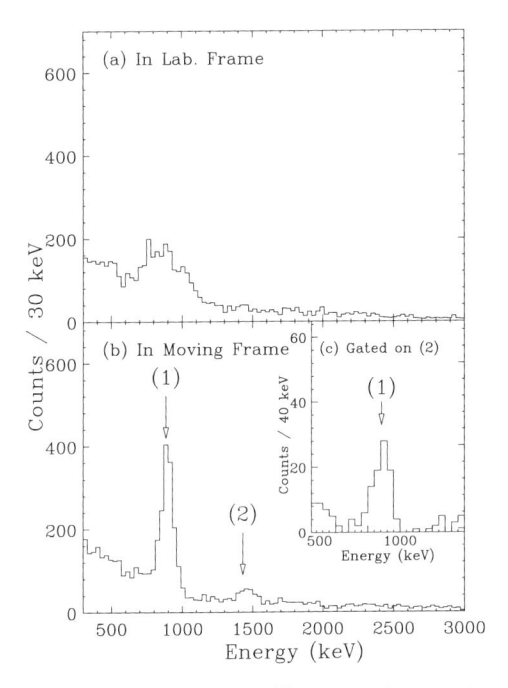

図 5.12 米田らが理研で観測した ^{36}S+Be→^{32}Mg+γ 反応. (a) ガンマ線のスペクトル（ドップラーシフトの補正前）. (b) ガンマ線のスペクトル（ドップラーシフトの補正後）. ドップラーシフトの補正後に $2^+ \to 0^+$ のガンマ線 (885 keV), および $4^+ \to 2^+$ のガンマ線 (1430 keV) がはっきりと見えている. (c)1430 keV と同時に見えるガンマ線のスペクトル. 885 keV が見えていることから 1430 keV と 885 keV はカスケード崩壊をしていることがわかる. 図は文献 [58] より引用.

う2つのピークが観測される.さらに, 1430 keV が観測されたという条件のもとでスペクトルを見たのが図 5.12(b) の右枠内のスペクトルであり, 885 keV がはっきり見えている. これは 1430 keV と 885 keV がカスケード崩壊であることを示す証拠である. 以上より, 第一励起状態は $E(2^+) = 885$ keV, 第二励起状態は $E(4^+) = (1430 + 885)$ keV=2320 keV と特定された. ^{34}Mg についても同様の実験が行われ, $E(2^+) = 660$ keV, $E(4^+) = 2120$ keV と同定された.

この結果, ^{32}Mg では $E(4^+)/E(2^+) = 2.62$, ^{34}Mg では $E(4^+)/E(2^+) = 3.21$ ということがわかった. 特に ^{34}Mg の場合は, 中重核で見られる理想的な回転運動の比 $E(4^+)/E(2^+) = 10/3$ にかなり近い. $N = 20$ 近辺の中性子過剰核で, 回転バンド（回転運動の励起状態の連なり）が初めて観測され, 強く変形した

原子核が，確かに逆転の島の中に存在することが示されたのである．

5.2.2 逆転の島 – 最近の実験的研究

最近，逆転の島の研究は急速に進んでいる．理研の RIBF が 2007 年より稼働し，ゼロ度スペクトロメータ ZDS(ZeroDegree Spectrometer) を用いて多くの励起準位が一気に測定されたからである．理研 RIBF の登場で不安定核ビームの量が 3–4 桁も増加した．この強力な不安定核ビームを用いて，Ne では ^{32}Ne まで，Mg では ^{38}Mg まで，Si では ^{42}Si までインビーム γ 線核分光による測定が行われた．また，MSU においては GRETINA などの Ge 検出器を用いて γ 線の精密核分光も行われるようになった．

理研 RIBF では，ZDS を使って反応後の荷電粒子の粒子識別が容易に行えるようになり，これと DALI2 NaI(Tl) γ 線検出器アレー [55] を組み合わせた γ 線核分光が行われている．特に，これを用いて，米田らの開発した二段階核破砕反応（5.2.1 項）が，より中性子過剰な原子核に適用された．ドーネンブル，シャイトらは核子あたり 245 MeV の ^{33}Na ビームを使い，核破砕反応（1 陽子分離反応）を引き起こし ^{32}Ne を生成し，その第一励起状態 (2^+) のエネルギー測定に成功した [59]．それまでは，到底不可能だと思われていた非常に中性子過剰な不安定核に対しても，数時間のビーム照射でインビーム γ 線核分光が可能となり，新世代のインフライト型不安定核分離装置 RIBF の威力が示された．さらに，同様の手法により，武内らによる ^{42}Si [60]，およびドーネンブルらによる ^{36,38}Mg に対する第一励起状態 (2^+) と第二励起状態 (4^+) の測定 [61] が行われた．一方，MSU のガーデらは，^{38}Si の 2 陽子分離反応で ^{36}Mg の第一励起状態を生成し，これを Ge 検出器で測定することに成功した [62]．

これらの結果を，安定線により近い Ne，Mg，Si 同位体の第一，第二励起状態のエネルギーと比較してまとめたのが図 5.13 である．まず，下の図で $N = 20$ に着目すると ^{30}Ne，^{32}Mg と ^{34}Si の違いが際立つ．$N = 20$ 魔法数は ^{30}Ne，^{32}Mg で確かに消失しているが，^{34}Si では $N = 20$ の閉殻性が見られる．

四重極変形が進んだ核では，$E(2^+)$ が小さく，$E(4^+)/E(2^+) = 10/3$ に近くなる，ということを上で説明した．おおよそ，$E(2^+) < 1$ MeV，または $E(4^+)/E(2^+) > 2.8$ という条件を満たすものは四重極変形度が高いとみなせるが [56]，この条件を満たす中性子過剰核は，Ne 同位体では ^{30,32}Ne，Mg 同位体では ^{32,34,36,38}Mg，Si 同位体では ^{40,42}Si であることが見てとれる．なお，安

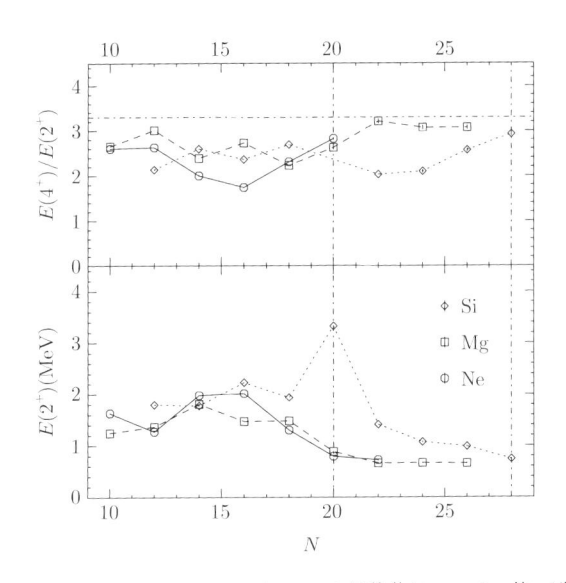

図 5.13 Ne($Z=10$), Mg($Z=12$), Si($Z=14$) 同位体について，第一励起状態 (2^+) のエネルギー（下図），および第二励起状態 (4^+) と第一励起状態 (2^+) の励起エネルギーの比 $E(4^+)/E(2^+)$ を中性子数 (N) の関数としてプロットしたもの（上図）．$N=20, 28$，および $E(4^+)/E(2^+) = 10/3$（理想的な回転準位）の線を一点鎖線で示した．

定核の ^{24}Mg は古くから知られた変形核で $E(4^+)/E(2^+) = 3.01$ と大きい．軽い安定核で例外的に強い変形核である．

さて $N=20$, $Z=10-12$ から $N=28$, $Z=12-14$ にかけて現れるこの**変形核群**をどう捉えればよいのか．逆転の島は，当初，$Z=10-12$, $N=20-22$ という範囲に局在すると考えられていた．現在では，逆転の島はそれよりやや大きく $N=19-24$ 程度と考えられているが，変形核はそれより広い領域に広がっている．これをコリエ達は「**変形の大島 (Big Island of Deformation)**」と呼んだ [63]．「変形の大島」は「逆転の島」を含む大きな島となっている．後で述べるように，「変形の大島」のすべてが $2\hbar\omega$ の励起という「逆転の島」現象で理解されるわけではない．変形の大島を統一的に理解しようとする試みは現在進行中である [63,64]．

ここで，逆転の島の境界を探るために行われたガーデらによる ^{36}Mg の生成実験を見てみよう．ガーデらはMSUにおいて ^{38}Si の2陽子分離反応で ^{36}Mg を生成した（$E/A = 83$ MeV）．始状態の ^{38}Si は，図5.13に示すように，$E(2^+) > 1$ MeV，

$E(4^+)/E(2^+) = 2.24$ であまり変形していない．殻模型計算からも，^{38}Si では $0\hbar\omega$ 成分が大部分であることが示されている．^{38}Si から 2 個の陽子を抜くという反応を行ったわけだが，その断面積は ^{36}Mg の基底状態や第一励起状態がどの程度 $0\hbar\omega$ 成分を含んでいるかによって変わってくるだろう．実際，ガーデらの導出した 2 陽子分離断面積は，$0\hbar\omega$ の成分が約 40%，$2\hbar\omega$ の成分が約 60% という殻模型計算の結果を支持するものであった．^{36}Mg で，$0\hbar\omega$ が 40% 程度にもなっているということは「逆転の島」の境界に近づいた，と言ってよいだろう．実際，大規模殻模型計算からは，後述する図 5.18 のように ^{36}Mg を超えると $2\hbar\omega$ の成分は急速に減少していくことが示されている．

関連する Mg 同位体の研究として，4.5 節で述べた変形誘因型ハロー核 ^{37}Mg の発見がある [47]．^{37}Mg では fp 軌道の縮退が変形を進行させること，また，^{36}Mg と同様，プロレート型（ラグビーボール型）に強く変形していることが示された．また，殻模型計算との比較から「逆転の島」の境界に近いことも示唆されている．

^{36,37}Mg よりさらに重い ^{38}Mg はどうだろうか．これも逆転の島のほぼ境界上にあると考えられている．しかし ^{34,36}Mg と同様に強く変形していて「変形の大島」のど真ん中いる．^{38}Mg$(N=26)$ のような $N=28$ に近い核の変形では，sd 殻から fp 殻に $N=20$ を超える $2\hbar\omega$ の状態はほとんど寄与しない．変形を促す別のメカニズムがあるはずである．

さらに，今後，まだほとんど手の付けられていない ^{40}Mg やさらに中性子過剰な核へと研究が進んでいくであろう．魔法数 $N=28$ の ^{40}Mg は特に興味深いが，ドリップライン核である可能性も高い．ドリップラインでどのように形が変わるのか，という意味でも興味がもたれており，RIBF では $E(2^+)$ の測定実験が予定されている．

一方，Si 同位体は，Mg 同位体とはまったく別の振る舞いをする．図 5.13 のように，Si 同位体については $N=20$ では閉殻性が保たれているが，$N=28$ の ^{42}Si では魔法数 $N=28$ が消失して強い変形が示されている．殻模型計算を見ると，^{38}Mg と同様，$2\hbar\omega$ が基底状態となる逆転の島現象ではない．実は ^{42}Si はプロレート変形ではなく強くオブレート変形（みかん型の四重極変形）をすることがわかってきている．つまり陽子数が変わると形が劇的に変化するのである．

5.2.3 新魔法数 $N = 16$ とドリップラインの異常

新魔法数 $N = 16$ は,逆転の島と密接な関係があるかもしれない.$N = 16$ という新魔法数の可能性が最初に示されたのは,^{24}O$(Z = 8, N = 16)$ とその周辺核においてであった.小澤らは 1 中性子分離エネルギー S_n を系統的に調べ,中性子過剰 C, N, O, F 同位体については,$N = 16$ に安定性のピークが存在することを示唆した [65].

一方,櫻井らは ^{40}Ar ビームの入射核破砕反応によって,^{24,25}N, ^{27,28}O が非束縛であることを確認し,さらに束縛している新同位体 ^{31}F を発見した [66]. つまり,酸素同位体は ^{24}O が最も重い中性子ドリップライン核であることをつきとめ,それより Z が 1 だけ大きいフッ素同位体は,^{31}F が束縛核であることを発見したのである.図 5.14(a) の核図表上で中性子ドリップライン近辺に着目すると,$Z = 6 - 8$ のドリップライン核は,それぞれ ^{22}C,^{23}N,^{24}O であり,すべて中性子数 $N = 16$ で一直線上に並ぶ.一方,F$(Z = 9)$ ではドリップライン核は ^{31}F かそれより重いということになり,一気に中性子数 $N = 22$ までは束縛できるということになる.このようにドリップラインが O から F にかけて急激に外側(右側)に伸びる現象は,**酸素ドリップライン異常 (Oxygen Anomaly)** と呼ばれており,そのメカニズムはいまだに解明されていない.例えば,実験的に非束縛核であると確認されている ^{26}O や ^{28}F が,標準的な理論計算では束縛核という結果になる.

カヌンゴらはこうした研究に触発されて GSI で,^{24}O の 1 中性子分離反応を測定した.その結果 ^{24}O の価中性子は $2s_{1/2}$ 軌道のものが大部分であり,$1d_{3/2}$ の中性子はほとんど存在しないことが判明した [67].つまり,^{24}O は $N = 16$ で閉殻的であることがわかった.(図 5.14(b)).一方,ホフマンらは MSU において,ドリップライン超核の ^{25}O を ^{26}F の 1 陽子分離反応で生成した [68].^{25}O の状態は ^{24}O+$1d_{3/2}$ の 1 粒子軌道でよく説明され,その質量から $N = 16$ のギャップのエネルギーを 4.86 ± 0.13 MeV と同定した.

さらに,ホフマンらは ^{26}F の入射核破砕反応(1 中性子 1 陽子分離反応)で ^{24}O の第一励起状態 (2^+) と第二励起状態 (1^+) の生成に成功した.それぞれ励起エネルギーは 4.7 MeV,5.3 MeV と観測され,$2s_{1/2}$ 軌道の中性子が 1 個 $1d_{3/2}$ 軌道に励起した状態と理解された(図 5.14(b)).ここからやはり $N = 16$ のギャップは 5 MeV 程度と非常に高いことがわかる.この励起エネルギーは二重閉殻

核の ^{16}O に匹敵するほどであり，^{24}O が二重閉殻核 ($Z=8, N=16$) であるという強い証拠となった [69]．さらにツーらは理研の RIPS において ^{24}O の陽子非弾性散乱を行い，散乱角度分布の解析から，これら 2^+ および 1^+ 状態のスピン・パリティを確定させた [70]．

^{24}O は**ドリップライン核**であり，かつ**二重魔法数核**という性質を合わせもつ極めて希な原子核である．そもそもあまり安定的でないと考えられるドリップライン上でみつかったことから「想定外の二重魔法数核」と称されている [71]．

ドリップライン異常の問題については，さらにドリップラインの外の原子核の研究が進みつつある．^{26}O については MSU で共鳴状態がみつかり [72]，非常にエネルギーが低い状態であることが示唆された．これは RIBF における近藤ら

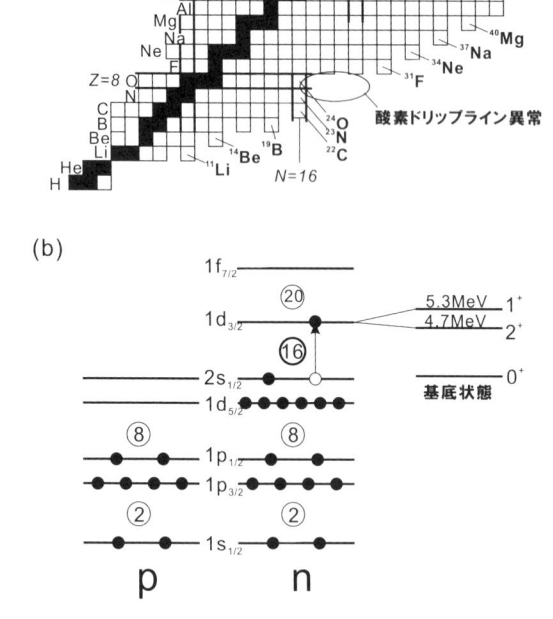

図 5.14 (a) 核図表．実線の四角はこれまでに同定されている束縛原子核．C, N, O 同位体では $N=16$ で中性子ドリップラインになっているが，F 同位体ではドリップラインが急に伸びて，^{31}F が束縛原子核として確認されている．(b) ^{24}O の基底状態，第一励起状態 (2^+)，および第二励起状態 (1^+) の殻構造．通常はあまり離れていない $2s_{1/2}$ と $1d_{3/2}$ が 5 MeV 程度も離れている．

による実験で確認され，エネルギーが ^{24}O$+n+n$ の閾値のわずか 20 keV 程度だけ非束縛であることがわかり，特殊な 3 体系として注目されている [73]．同じ実験からは殻構造の変化を示す ^{26}O の第一励起状態の観測にも成功した．さらに，ドリップライン超での二重魔法数をもつ候補核 ^{28}O を生成し，その共鳴準位を測定する実験が RIBF で最近行われ，その解析の動向に注目が集まっている．

5.3 逆転の島現象のメカニズム

中性子数や陽子数の変化に伴って殻構造が変化していくことを**殻進化 (shell evolution)** と呼んでいる．これは現代核物理で最も重要なキーワードの 1 つである．では殻進化の代表的な現象「逆転の島」は理論的にはどのように理解されるのであろうか．不安定核ビームを用いた多種多様な実験によって，$N = 20, 28$ 近辺の核構造が明らかになり，魔法数の消失や，新魔法数 $N = 16$ の出現などが発見された．一方，核理論もここ 20 年で格段に進歩した．特に殻模型計算では「大規模殻模型計算」の進展が目覚ましい．モンテカルロ殻模型などの新手法が開発されるとともに，殻模型で鍵となる核力の理解が進んだ．さらに計算機や数値計算手法の技術もかなり進歩した．ここでは，魔法数の消失や新魔法数の出現に代表される殻進化が，どのように理解されるようになったのかを逆転の島を例に紹介したい．

5.3.1 大規模殻模型計算による殻進化の理解

一番単純な殻模型は（閉殻 ±1 核子）のように 1 核子（あるいは 1 空孔）が閉殻の作る平均場の中を動いているという **1 粒子軌道模型**であった（図 5.1 右）．つまり 1 体場中の 1 粒子軌道で核子多体系が記述できるという非常にシンプルな模型である．一方，不安定核の殻模型で重要なのは，（閉殻+多核子）という系である．$N = 20$ の魔法数が消失すると，^{32}Mg のような原子核であっても閉殻は ^{16}O となり，4 個の陽子と 12 個の中性子が**価核子**（閉殻の外のアクティブな核子）として振る舞う．つまり，アクティブな価核子が増えることによって，2 体の相互作用（残留相互作用）が 1 粒子軌道に強く影響し，1 粒子軌道のエネルギーが変化していくのである．

宇都野らは，新魔法数 $N = 16$ が確立した ^{24}O から，逆転の島の領域（$N = 20$,

Ne, Mg, Si) にかけて大規模殻模型計算を行った [74]．ここで重要なのは，通常の（閉殻+1 核子）という 1 粒子軌道のエネルギー (**1 粒子エネルギー Single Particle Energy: SPE**) ではなく，多くの陽子，中性子からなる価核子間の 2 体力を平均化したモノポール力を繰り込んだ**有効 1 粒子エネルギー Effective SPE** である．この計算の結果得られた中性子の有効 1 粒子エネルギー ($N = 20$, $8 \geq Z \geq 20$) を図 5.15 に示す．

この有効 1 粒子軌道の振る舞いから興味深いことがわかる．まず $N = 20, Z = 20$ の ^{40}Ca（図 5.15 右端）では $N = 20$ のギャップや $N = 28$ のギャップが見られ，特に $N = 20$ のギャップは 6 MeV 程度と大きい．一方 $N = 20$, $Z = 8$ の ^{28}O では逆に $N = 16$ のギャップが 5 MeV 程度と大きくなっている．この有効 1 粒子エネルギーは**球形極限**でのエネルギーと考えればよいので，酸素同位体のような球形核の場合には価中性子のエネルギー準位に相当すると考えられる．実際，$Z = 8$ では $1d_{3/2}$ 軌道がすでに非束縛なので ^{24}O がドリップライン核ということを示している．^{24}O がドリップラインになるのは，$Z = 8$ が魔法数であり，かつ $N = 16$ が新魔法数であったから，とも言える．

また，すべての軌道で，陽子数の増加とともにエネルギーが低くなっていくことがわかる．これは陽子-中性子間の引力の総和が，陽子数が増えると強くな

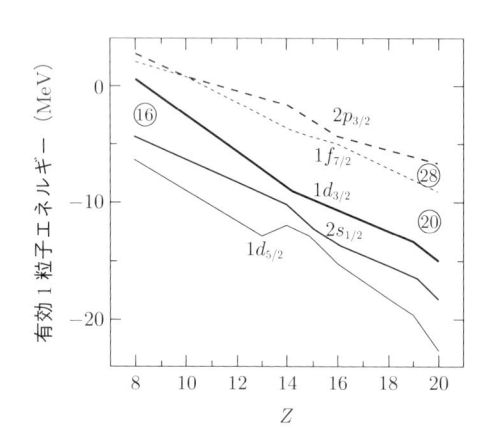

図 **5.15** $N = 20$ のアイソトーン（同中性子体）に対して大規模殻模型理論で計算された有効 1 粒子エネルギー (SPE) の陽子数依存性．左端が ^{28}O（最も中性子過剰な核），右端が ^{40}Ca（安定核）である．^{40}Ca では $N = 20, 28$ の殻のギャップが顕著であるが，Z が小さくなるにつれそのギャップが小さくなっていく．一方の ^{28}O では $N = 16$ のギャップが開く．図は文献 [74] を基に作成．

るからに他ならない．核子-核子間力の中で，陽子-中性子間の力が同種核子間より強いことも反映している（2.4.2 項参照）．

図 5.15 で，スロープが特に急で，引力がより強いことが見てとれるのが $Z = 8 - 14$ における $1d_{3/2}$ 軌道の場合である．$Z = 8 - 14$ の価陽子は $1d_{5/2}$ を占有していくので，陽子の $1d_{5/2}$ 軌道と中性子の $1d_{3/2}$ 軌道間の力を見ていることに相当する．これら軌道間の特に強い核力はテンソル力起源と考えられている．実際，大塚らは，図 5.16 に示すように，陽子の $1d_{5/2}$ 軌道が埋まっていくと，陽子の $1d_{5/2}$ 軌道と中性子の $1d_{3/2}$ 軌道間のテンソル力（引力）が強くなって，$Z = 8 \to 14$ では $d_{3/2}$ の 1 粒子軌道のスロープがより急になることを示した [75]．一方，陽子 $1d_{5/2}$ 軌道と中性子の $1d_{5/2}$ 軌道間はテンソル力が斥力的なので，スロープの傾きがゆるくなっている．

大塚らは，陽子 $1d_{5/2}$ 軌道と中性子 $1d_{3/2}$ 軌道のように，$j'_> = \ell' + 1/2$ と $j_< = \ell - 1/2$ 間でテンソル力が引力になることを，図 5.17 に示すような簡単な描像で説明している [75]．図 5.17(a) のように価陽子と価中性子がそれぞれ $j'_>$，$j_<$ に入っているとする．ここで少し復習しておくと，テンソル力はもともと湯川秀樹の提唱したパイ中間子交換力の主要項であり（2.4.2 項，2.4.3 項），式 (2.23) に示したように 2 核子の固有スピン ($s = \sigma/2$)) が同じ向き $S = 1$（スピン三重項）になっているときのみ働くのであった（重陽子が典型例）．つま

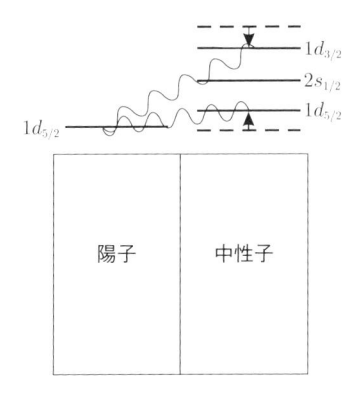

図 5.16 $j'_>(=\ell'+1/2)$ の軌道上の陽子と $j_<(=\ell-1/2)$ の軌道上の中性子の間では，テンソル力が引力になる．一方 $j'_>$ と $j_>$，$j'_<$ と $j_<$ ではテンソル力が斥力になる．図 5.15 で陽子 $1d_{5/2}$ 軌道が埋まるにつれ，$1d_{3/2}$ 軌道は急激に下がってくるが，これはテンソル力（引力）によるものであることを示している．図は文献 [75] を基に $N = 20$ のアイソトーンの場合に適用したものである．

(a) 引力　(b) 斥力

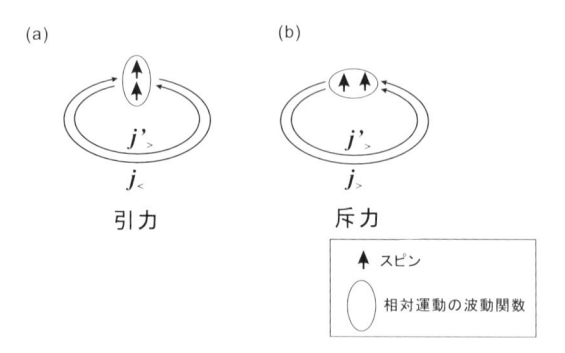

↑ スピン
○ 相対運動の波動関数

図 5.17 核内のテンソル力の模式図. テンソル力はスピンの向きの揃った陽子・中性子間に働く. (a) 陽子の軌道と中性子の軌道がそれぞれ $j'_> = \ell' + 1/2$, $j_< = \ell - 1/2$ の場合 (例：陽子 $1d_{5/2}$ 軌道と中性子 $1d_{3/2}$ 軌道間), テンソル力は引力になる. (b) 陽子の軌道と中性子の軌道がそれぞれ $j'_> = \ell' + 1/2$, $j_> = \ell + 1/2$ の場合 (例：陽子 $1d_{5/2}$ 軌道と中性子 $1d_{5/2}$ 軌道間), テンソル力は斥力になる. 図は文献 [75] を基にしている.

り，固有スピンの向きは同じ向き（z 軸上向き）なので，$j'_>$, $j_<$ の軌道角運動量 ℓ の向きは逆向きでなければならない．運動量の向きが陽子と中性子で逆なので，相対運動量が z 軸に垂直な方向に大きくなる．波動関数（空間分布）は不確定性原理より z 軸に垂直な方向では縮むことになり，一方 z 軸方向には伸びることになる．これはテンソル力を説明した図 2.7 の左図のように 2 核子が z 軸に並んでいる場合に相当する．相対座標の向きとスピンの向きが一致するので ($\theta = 0$) 引力になる．

一方, 図 5.17(b) のように陽子の軌道と中性子の軌道がそれぞれ $j'_> = \ell' + 1/2$, $j_> = \ell + 1/2$ のように同じ向きだったとすると，$S = 1$ なので，軌道角運動量の向きも同じ向きになる．ということは 2 核子間の相対運動量は最小になり，波動関数は不確定性原理より z 軸に垂直な方向に伸びることになる．これは図 2.7（右）の $\theta = \pi/2$ の場合に相当し斥力になる．

大塚，宇都野らによって行われた大規模殻模型の計算は，当初は，主要な配位を選択して次元数を減らしたモンテカルロ殻模型計算によるものであったが，最近は，大型計算機を駆使した新計算法により，通常のスキームによる大次元の殻模型計算も可能になりつつある．こうして Ne，Mg の逆転の島のエネルギー準位が計算され，第一励起状態 (2^+) や第二励起状態 (4^+) のエネルギーもよく再現されている [60,61,63,64]．4.5 節に示した ^{31}Ne，^{37}Mg のクーロン分解反応

5.3 逆転の島現象のメカニズム

や核力分解反応（1中性子分離反応）の実験結果もよく説明する [42, 44, 47]．例えば，^{31}Ne や ^{37}Mg に対しては，基底状態のスピンや，1中性子分離断面積をほぼ正しく予言してみせた．このように，大規模殻模型計算は「逆転の島」内にある中性子過剰核の構造をよく記述できている．

大規模殻模型計算の予言する $0\hbar\omega$，$2\hbar\omega$ の占有割合を見てみることにしよう．図 5.18 は，Mg 同位体の基底状態について，$0\hbar\omega$，$2\hbar\omega$ の割合を導出したものである [47]．破線は sd 殻 $+2p_{3/2}1f_{7/2}$ をアクティブな価核子として計算した結果．実線は破線の軌道に加えて $2p_{1/2}$ も価核子として含む結果である．$N \geq 24$ では $2p_{1/2}$ 軌道の効果も無視できなくなるためである．

$2\hbar\omega$ の配位は，$N = 20$ のギャップを超えて 2 個の中性子が励起した 2 粒子 2 空孔状態を意味するのであった．したがって，この配位によって基底状態が尽くされるということは $N = 20$ の閉殻性が消失して変形が進むということに対応する（^{31}Mg–^{35}Mg）．殻模型計算では $2\hbar\omega$ を始めとする多くの配位を混ぜることによって変形状態を表現している．

計算結果が示しているのは ^{31}Mg から ^{35}Mg が逆転の島の主要部分で ^{36}Mg を超えると徐々に $2\hbar\omega$ の寄与が減少し始め，^{40}Mg 付近ではかなり小さくなると

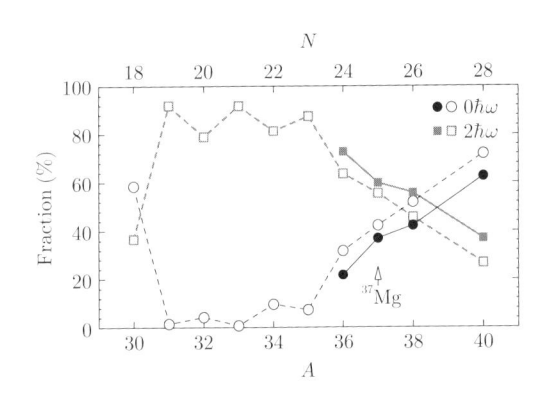

図 5.18 宇都野らの大規模殻模型計算による Mg 同位体の基底状態について，$0\hbar\omega$ と $2\hbar\omega$ の割合を示したもの．破線で結んでいるのが sd 殻 $+2p_{3/2}1f_{7/2}$ を価核子として計算したもの．実線で結んでいるのが sd 殻 $+2p_{3/2}1f_{7/2}2p_{1/2}$ を価核子として計算したもの．文献 [47] より転載 *).

---

*) Reprinted figure with permission from [47] Copyright (2006) by the American Physical Society.

いうことである．島の山が^{35}Mg くらいで終わり，そこから^{40}Mg に向けて浜が広がっているというイメージである．一方，実験的には，^{34}Mg, ^{36}Mg, ^{38}Mg について，ほぼ同じ $E(4^+)/E(2^+)$ 比という結果であり，$E(2^+)$ もほぼ同じエネルギーであった（図5.13 参照）[61]．つまり，これらの核はプロレート型に強く変形している．^{40}Mg に向けて $2\hbar\omega$ 成分が減っていくのに，どうして変形度は保たれているのか，これが本質的に何を意味するのかは，興味深い問いである．

殻模型は空間固定系（実験室系）で定式化された理論である．多数の価核子が軌道をどのように占有しているのかを見るのには適しているが，原子核の変形を直接見ることはできない．変形を見るには，固有座標系（物体固定系）[6]で見なければならない．つまり，変形性を完全に理解するには，殻模型と固有座標系の理論を結びつけることが重要となる．

実際，変形を記述できる平均場理論は，固有座標系で記述される現象を見るには適している．大規模殻模型計算で得られる波動関数が，こうした理論の波動関数と大きなオーバーラップをもっている場合には，**軌道で見る核構造（微視的観点）と形で見る核構造（巨視的観点）**が 1 対 1 で結びつく．今後はこのような核構造理論の構築が必要であろう．

5.3.2　弱束縛（ハロー）効果

殻進化の起源は，大規模殻模型計算が示すようなテンソル力などの陽子 − 中性子間の残留相互作用の変化だけなのだろうか．実は，通常の殻模型計算に取り入れられていないのが弱束縛効果である．殻模型計算は調和振動子ポテンシャルに対する波動関数を基底にとっているので，強束縛核子に対する模型であり，弱束縛効果が陽に取り扱えない．弱束縛になると殻構造が変化しうることは標準的教科書にも載っている [76]．ここでは弱束縛性と，新魔法数 $N = 16$ や $N = 20, 28$ における魔法数の破れとの関連性を見てみることにする．

まず，標準的なウッズサクソンポテンシャル中の 1 粒子軌道が中性子分離エネルギーに応じてどのように変わるかを見ることにする．標準的なウッズサクソンポテンシャルは

$$U(r) = Vf(r) + V_{\ell s}(\boldsymbol{\ell}\cdot\boldsymbol{s})r_0^2 \frac{1}{r}\frac{df(r)}{dr}, \tag{5.8}$$

---
[6] 通常，原子核の形の対称軸を z 軸とする．

と書ける．ここで，$f(r)$ はウッズサクソンポテンシャルの関数形で，

$$f(r) = \frac{1}{1+\exp\left(\frac{r-R}{a}\right)}, \tag{5.9}$$

である．ウッズサクソンポテンシャルは殻模型で使われる調和振動子ポテンシャルとは違い，表面付近で引力が減少していくことを正しく取り扱えるので，弱束縛系の記述に適している．標準的なポテンシャルの深さ [76]，

$$V = \left(-51 + 33\frac{N-Z}{A}\right) \text{ MeV}, \tag{5.10}$$

$$V_{\ell s} = -0.44V, \tag{5.11}$$

を用いて，ウッズサクソンポテンシャルに束縛されている1中性子の軌道のエネルギー E_n をプロットしたのが図5.19である．なお，ここでは $E_n = -S_n$ である．不安定核の状況を見るために $N = 2Z$，すなわち $A/Z = 3$ の場合に限定した．A が大きくなるほど半径が大きくなるので，1粒子が感じるポテンシャルの有効強度 ($\sim V_0 R^2$) は大きくなり，1粒子軌道はより深くなる．

この図から $|E_n| \sim 8$ MeV と，安定核のように深く束縛しているときには $N = 8, 20, 28$ という魔法数がよく見えているが，$|E_n| < 1$ MeV のように弱束縛のときには $N = 28$ のギャップが消えて魔法数が消失し，一方で $N = 16$ 新魔法数が現れるということがわかる．ではどうして $N = 16$ のギャップが現れるのであろうか．$2s_{1/2}$ 軌道は A を小さくする，つまりポテンシャルの有効強度が小さくなっても，d 軌道などとは違い，変化が緩やかである．これは弱束縛の s 軌道であれば，ハローのように波動関数を外側にしみ出させることができ，運動エネルギーが増加しないからである．別の言い方をすれば，外にしみ出した波動関数の割合が増えると，中のポテンシャルの変化に敏感でなくなると見ることもできる．このため $2s_{1/2}$ 軌道と $1d_{5/2}$ 軌道がほぼ縮退し，その一方で $2s_{1/2}$ 軌道と $1d_{3/2}$ 軌道の間には大きなギャップが開くのである．これで $N = 16$ 魔法数が説明できる [65]．

同様のことは $2p_{3/2}$ 軌道でも起こっていて，p 軌道も遠心力ポテンシャルが小さいために，弱束縛でハローが発達しやすく，軌道エネルギーがポテンシャルを浅くしていってもあまり変化しなくなる．こうして弱束縛極限では $1f_{7/2}$ 軌道とほぼ縮退し，$N = 28$ という魔法数が消失する．

以上のように，こうした簡単な模型から，弱束縛になることによる $N = 16$ 新

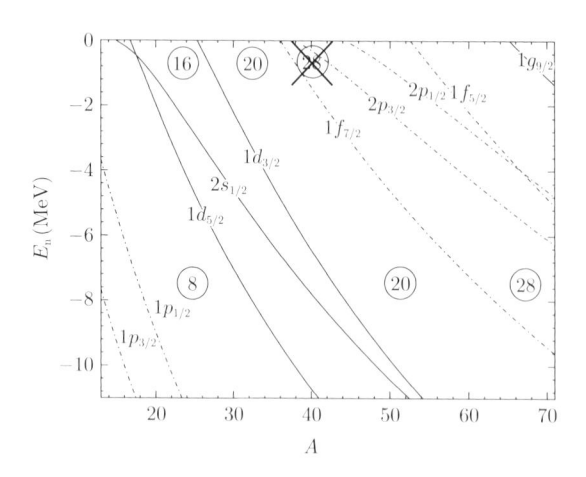

図 5.19 ウッズサクソンポテンシャル中の 1 中性子軌道のエネルギーの計算. $A/Z = 3$ の原子核について A の関数で示した. 同様のプロットは文献 [76] や [65] にも見られる.

魔法数の出現や $N = 28$ 魔法数の消失が説明できる. すなわち, ハローを出現させる弱束縛性が殻進化の 1 つの原因であることは確かである. ただし, ^{24}O はこの模型では $S_n \sim 2$ MeV 程度とやや弱束縛であるが, 実際には S_n は 4 MeV 程度と比較的深く束縛されていること, $N = 20$ の魔法数の消失は説明できないことなど, いくつかの定量的問題点がある.

5.3.3 ニルソン模型による逆転の島の描像

前節では球形ウッズサクソン模型を用いて殻構造の変化を見たが, **原子核の形が殻構造の進化にどのように関わっているのかを直観的に探るために, 変形した 1 体場の中を動く 1 粒子軌道を考える**（ニルソン模型）. この考察は, ニルソンが 1955 年に調和振動子ポテンシャルを用いて始めたもので, 1 粒子軌道のエネルギー固有値を四重極変形パラメータ β の関数として示した図をニルソンダイアグラムと呼んでいる. ニルソンが提唱したハミルトニアンは, 変形した 1 体場の 3 次元調和振動子に, スピン軌道相互作用（$\boldsymbol{\ell}\cdot\boldsymbol{s}$ 項）と, 表面が調和振動子型より深くなる効果を入れた項（$\boldsymbol{\ell}^2$ 項）を入れた以下のような形をしている. すなわち,

$$H = T + \frac{1}{2}m\bar{\omega}^2 r^2 - \frac{2}{3}m\bar{\omega}^2 r^2 \delta P_2(\cos\theta) + C\boldsymbol{\ell}\cdot\boldsymbol{s} + D\boldsymbol{\ell}^2. \quad (5.12)$$

5.3 逆転の島現象のメカニズム

ここで T は運動エネルギーの項, $\bar{\omega} = \sqrt[3]{\omega_\perp^2 \omega_z}$, $\delta = (\omega_\perp - \omega_z)/\bar{\omega}$ で, 変形しているため調和振動子の角振動数が $\omega_\perp \neq \omega_z$ である. 変形度があまり大きくなければ四重極変形の変形パラメータ β は $\beta \approx 1.057\delta$ である. このハミルトニアンに対するシュレーディンガー方程式を解くとニルソンダイアグラムが得られる.

図 5.20 は, 変形ハロー核 ^{37}Mg に対して浜本によって計算されたニルソンダイアグラムであり [77], 横軸を四重極変形度 β の関数として示している. この計算では, ^{37}Mg の弱束縛や表面の効果を取り入れるため, 変形したウッズサクソンポテンシャルに対して得られる 1 粒子軌道の固有値を, β の関数として示している.

$\beta > 0$ がプロレート変形 (ラグビーボール型, 対称軸 (z) 軸方向に延びている楕円体), $\beta < 0$ がオブレート変形 (みかん型, 対称軸方向につぶれた楕円体) である. 変形度が十分大きくなると, 漸近量子数 $[Nn_z\Lambda\Omega]$ が良い量子数となる. ここで n_z は z 方向の波動関数のノード数で, $N = n_x + n_y + n_z = n_\perp + n_z$. Λ, Ω は, それぞれ 1 粒子軌道の軌道角運動量 ℓ, j の z 方向への射影成分で, $\Lambda = \pm \ell_z$, $\Omega = \pm j_z$ (複号同順) である. このように 1 つの漸近量子数の軌道は二重に縮退している.

では, ^{37}Mg のニルソンダイアグラム (図 5.20) を詳しく見てみよう. ここで特徴的なのは, $\beta \sim 0$ の球形極限で $1f_{7/2}$ 軌道と $2p_{3/2}$ 軌道とがほぼ縮退し

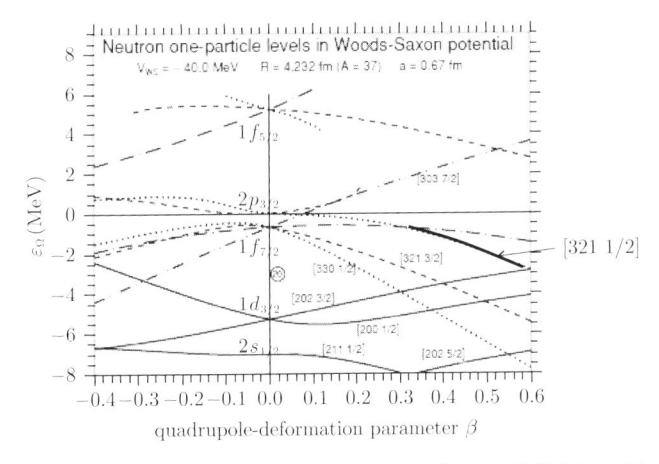

図 5.20　^{37}Mg に対するニルソン模型計算. 四重極変形度 β の関数として示した. 図は文献 [77] を基に作成.

ていることである.これは,図5.19に示した弱束縛効果(ハロー効果)による $N = 28$ 魔法数の破れが発現したものに他ならない.これら2つの軌道はエネルギーが 0 MeV 近辺(弱束縛領域)にある.つまり弱束縛軌道なので図5.19に示すように $N = 28$ のギャップが縮まってしまったのである.

接近した f 軌道と p 軌道は軌道角運動量の差が $\Delta l = 2$ であり,四重極遷移で2つの軌道が混じりやすくなるため変形が促進される.こうして,プロレート変形が進んでエネルギーが下がる.^{37}Mg の場合,4.5節でも触れた分解反応実験の結果,基底状態のスピン・パリティは,3/2$^-$ または 1/2$^-$ であることがわかった [47].そうすると,対応するニルソン軌道は [321 1/2] 軌道である.つまり,$^{37}_{12}$Mg$_{25}$ の 25 番目の中性子は,図5.20 で $0.3 < \beta < 0.5$ の太実線の部分に入ると考えられる.

球形の極限で縮退していた状態は変形が進む.これは自発的対称性の破れによるもので,分子系ではヤン・テラー効果と呼ばれている.原子核でこの**核ヤン・テラー効果**により変形が進むのは,弱束縛効果による $N = 28$ のギャップの縮小,つまり2つの1粒子軌道 ($1f_{7/2}$, $2p_{3/2}$) の縮退のためであることがニルソン模型から示されたのである.

5.3.4 逆転の島現象は理解されたのか

弱束縛した2つの1粒子軌道の縮退がプロレート変形を引き起こすこと(核ヤン・テラー効果)がニルソン模型から示された.それによると,逆転の島の出現には,$N = 20$ のギャップの縮小ではなく $N = 28$ のギャップの縮小が鍵となっているようである.

しかし,実験結果の解釈を進めるのに大きな役割を果たした大規模殻模型計算の解釈と,このニルソン模型+弱束縛効果による解釈とはどのように関連付けられるのであろうか.ヒントになるような事例がいくつかある.

^{31}Ne は,前章「中性子ハロー」の 4.5 節で示したように,強い変形によって $2p_{3/2}$ 軌道の中性子によって形作られるハロー成分が増大する「変形誘因型ハロー」である.^{31}Ne については,大規模殻模型計算および弱束縛効果を取り入れたニルソン模型計算の両方が行われている.

^{31}Ne に対して計算されたニルソンダイヤグラムは図5.21 のようになる [78].^{31}Ne の基底状態 (3/2$^-$) を表すのは [321 3/2] 軌道であり,21 番目の中性子が入る部分を太い実線で示した.^{37}Mg の場合と違い $2p_{3/2}$ 軌道は球形付近ではエネ

5.3 逆転の島現象のメカニズム

ルギーが正であり，遠心力ポテンシャルも小さいため共鳴状態が作られないため計算上は「見えなく」なっているが，$1f_{7/2}$ 軌道にかなり近いところに $2p_{3/2}$ 軌道は存在する．つまり $N = 28$ ギャップは縮小し $1f_{7/2}$ と $2p_{3/2}$ の軌道の縮退が進み，核ヤン・テラー効果によりプロレート変形が進むのである．プロレート変形によって，図の太い実線のように，球形のときと比べるとエネルギー的にかなりお得になる．この状態は $2p_{3/2}$ と $1f_{7/2}$ の強い混合状態であり，そのうち $2p_{3/2}$ 成分がハローを形成する．これがニルソン模型による ^{31}Ne の解釈である．

さて，この軌道（太い実線部分）は $1d_{3/2}$ 軌道から派生した [202 3/2] 軌道と交差した先なので，[321 3/2] 軌道のエネルギーは [202 3/2] 軌道よりも低くなっている．つまり sd 軌道 ([202 3/2]) より先に fp 軌道 ([321 3/2]) に 2 個の中性子が埋まっている $2\hbar\omega$ 状態である．このことは，$2\hbar\omega$ の配位が主要成分となるという大規模殻模型計算と定性的には整合性がとれている．

一方，5.3.1 項でも述べたように，殻模型計算は実験室系の理論であり，変形という現象を直接見ることができない．ただし，状態の波動関数を微視的に計算することができるので，変形度に結びつけることのできる電気四重極モーメント Q や，基底状態から $\Delta L = 2$ で励起する換算遷移確率 $B(E2)$ が導出できる．

実際，大規模殻模型計算からは，^{31}Ne の電気四重極モーメントとして $Q = $

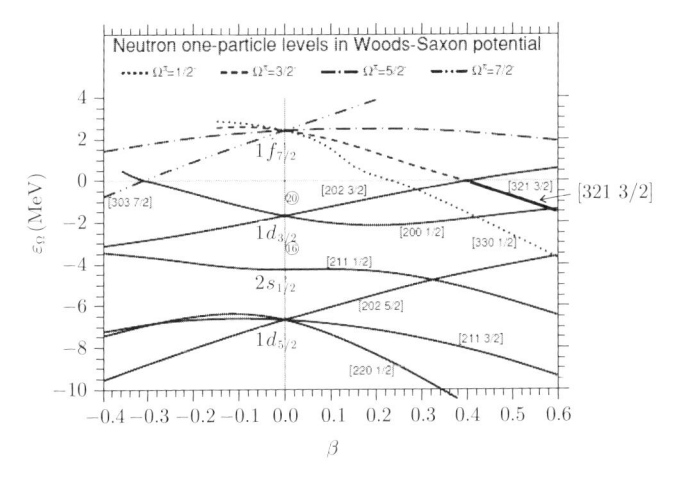

図 5.21　^{31}Ne に対するニルソン模型計算．図は文献 [78] を基に作成．ここで加えた太い実線は文献 [44] の実験が示唆する変形度の領域．

$12.2\,e{\rm fm}^2$，$E2$換算遷移確率として$B(E2;3/2^-\to 7/2^-)=93.3\,e^2{\rm fm}^4$，という値が得られている [44]．さらに，$Q,B(E2)$から変形度と直接結びつく固有電気四重極モーメント$Q_0$を求めることができる．そうすると，2つの独立した計算が同じ$Q_0\approx 60\,{\rm fm}^2$を与えることがわかった．これは大規模殻模型計算がニルソン模型で示されるようなプロレート変形と関連付けられることを示している．実際，このQ_0の値から四重極変形度を計算すると$\beta\approx 0.56$という大きい変形度が得られた．面白いことにこれは図5.21の太い実線の領域に一致する．

大規模殻模型計算では，テンソル力が$N=28$や$N=20$のギャップを狭め，$N=16$のギャップを広げていることが示された（図5.15）．一方，ニルソン模型+弱束縛効果では，陽子・中性子間の力の中で，中心力の部分は，ウッズサクソンポテンシャルの深さのN/Z依存性が式 (5.10) を通じて考慮されているが，テンソル力の部分は陽には入っていない．ニルソン模型では弱束縛性のみが$N=28$のギャップを狭め変形を促進した．原因が違うにせよ，$N=28$のギャップが狭まることにより$1f_{7/2}$軌道と$2p_{3/2}$軌道の縮退が狭まるという点ではどちらの理論も共通している．一方，$N=20$は球形極限ではあまりギャップが縮まっていないという点で共通している．$N=20$のギャップが見かけ上狭まるのは変形が進むことによる効果である．これはニルソン模型でfp殻から派生した [321 3/2] とsd殻から派生した [202 3/2] が交差していること，つまり殻模型の言葉で言うと$2\hbar\omega$の励起が進むことに対応している．

それぞれの模型では逆転の島現象の特長はよく捉えられている．また$N=28$のギャップの縮退という点については共通している．残った問題はこの縮退が**弱束縛性**と**陽子・中性子間力**のどのようなバランスで起こっているのかということに帰着される．それが解けると，核図表上で新たな逆転の島がどこに現れるのか，どのような変形をするのか，より強い変形，異なる形態の変形はあるのか，変形誘因型ハローはどこに現れるのか，などの問いに答えられるようになるであろう．

5.4 　殻進化の研究 – 研究の展開

この節では核図表の他の領域の研究の動き，どのようなことが問題になっているのか，さらに今後の展開について簡単に述べておきたい．

5.4 殻進化の研究 – 研究の展開

まず，この章の最初の方で示した図 5.2 を改めて眺めてみよう．殻進化が実験的にも理論的にもよく研究されているのは上で述べた $N=20, 28$ の魔法数の破れ，$N=16$ の新魔法数に加えて，$N=8$ の魔法数の破れである．

$N=8$ の魔法数の破れは ^{11,12,13,14}Be を中心に研究が進み，特に ^{12}Be については強いプロレート変形状態の存在，さらには ^{6}He+^{6}He のようなダンベル型の分子的状態などがみつかっている．またこの領域は ^{11}Be や ^{11}Li のようなハロー核もある．変形の島においても ^{31}Ne,^{37}Mg のような変形核でかつハローをまとう原子核「変形誘因型ハロー」がみつかっているが，^{11}Be でも変形がハロー現象と深く関わっている可能性が指摘されている．一方 ^{11}Li は球形に近く，$N=8$ 魔法数の破れについてはまだ決着がついていない．しかし，前章の 4.4.7 項で示したように，s と p が混合するメカニズムはテンソル相関によるのではないか，という説が出てきており注目されている．テンソル相関は今後のハロー核研究のキーワードになるかもしれない．

最近，重い Ca で新魔法数が相次いでみつかった．理研 RIBF では ^{54}Ca の第一励起状態の観測から $N=34$ が新魔法数であることが発見された [79]．$Z=20$ も魔法数なので二重魔法数核として注目されている．いまだに未知の Ca 同位体，^{60}Ca は $Z=20, N=40$ という核であるが，通常エネルギーギャップの狭い $N=40$ が大きくなる可能性もある．その先の ^{62}Ca は ^{60}Ca+2n という中性子ハロー核ではないか，という指摘もあり，注目を集めている．

^{28}O は $Z=8, N=20$ の二重魔法数核になる可能性がある核である．しかし ^{28}O は非束縛で，存在するとすれば ^{24}O+4n という 5 体系の共鳴準位であるが，いまだにその手がかりがない．^{28}O の状態は，中性子が非常に過剰で ($N=2.5Z$) で，しかも非束縛なときに原子核がどう安定するのか，という問いに答える重要な鍵を与えるものと期待されている．共鳴準位のエネルギーはいまだによくわかっていない 3 体力などにも敏感であり，最近進展した大規模計算，理論に重要な制限を与える．上でも触れたように，理研 RIBF では，最近，^{29}F の 1 陽子分離反応を用いて ^{28}O の共鳴準位の生成実験に成功している．

殻進化の研究は，核の最も基本的な量子秩序の研究である．中性子数が変化することにより魔法数はダイナミックに変化する．ドリップラインの位置も殻進化の仕方でまったく異なってしまう．また，ハロー現象や中性子陽子間力，原子核の強い変形など，量子多体系の面白い問題を含んでいる．

魔法数の存在は宇宙での元素合成過程の理解にも不可欠である．s プロセス，

r プロセスと呼ばれる重元素合成過程で生成された元素は，それぞれ魔法数近辺，魔法数よりやや軽いものに生成量のピークを作る．つまり，宇宙の観測から元素量の分布を調べることで魔法数がたどれるのである．r プロセスは，その生成プロセスや，宇宙のどこで起こっているか（超新星爆発対中性子星合体）[1]など，謎が多い．まずは r プロセスの最初のウエイティング点（滞留点）である $Z = 28$, $N = 50$ の二重魔法数核 ^{78}Ni 近辺の物理の解明が急がれる．RIBFでは強いビームを駆使して半減期や励起準位が明らかになりつつあり [80, 81]，今後の展開が期待される．

第6章 中性子過剰核で探る中性子星

　中性子星と中性子過剰核には，さまざまな共通点がある．中性子星の構造や現象を理解するうえで鍵となる**核物質の状態方程式 (Equation of State: EOS)** は，中性子過剰核の構造を理解するうえでも重要な手がかりとなる．**核物質は無限個の核子**からできた系として定義される．中性子星は現実に観測しうる唯一の核物質と言える．

　さて，中性子星とはどんな天体であろうか．1967年にベルとヒューイッシュによって周期的に電波を発する天体，パルサーが発見された．これが中性子星に他ならない．その正体は，星の進化の過程の最後，超新星爆発の残骸だと考えられている．

　中性子星は宇宙で観測しうる最も高密度な物質で，大半は中性子でできていると考えられている[1]．質量は太陽質量の 1.4–2 倍程度であるが，半径は 10–15 km と非常に小さく，おおよそ屋久島（鹿児島県），あるいは東京23区くらいの大きさしかない．そのため，中心密度は原子核の密度（約 3×10^{14} g/cm^3）の3倍から10倍程度にも達する．しかし，コンパクトとは言え半径が 10 km 程度にも及び，巨大原子核，あるいは巨大量子多体系と見ることができる．実際，中性子星を理解するうえで核物理の理解は不可欠である．

　今度は，フェムトメートルの世界，原子核に目を向けてみよう．中性子過剰核では中性子部分が陽子部分に比べてやや膨らみ，**中性子スキン**と呼ばれる中性子のみでできた表面構造が現れる．中性子スキンがどの程度形成できるかを決めているのが，核物質の状態方程式である [82]．このため，中性子スキン核は中性子星のマイクロラボラトリーの役割を果たす．

　核物質の状態方程式や中性子スキンは，不安定核物理の重要な課題でありな

---

[1] 中性子の他，少量の陽子，電子，ミュー粒子も存在する．さらに中心付近には，ストレンジネスをもったハイペロンや中間子が存在する可能性もある．

がら，実験的な方法を得ることが難しかった．しかし，不安定核ビーム技術の高度化によって今後の飛躍的な進展が期待されている．

本章では，中性子星と中性子過剰核を結びつけるキーワードである核物質の状態方程式を解説するとともに，中性子星の物理，中性子スキンの物理を紹介したい．

6.1 核物質の状態方程式

上でも述べたように，**核物質**は無限個の核子よりなる系として定義される．**原子核はどこまで大きくなれるのか，重くなれるのか**，というのは根源的な問いであるが，核物質の理解が1つの鍵となる．

相互作用として核力（強い相互作用）とクーロン力（電磁相互作用）を考えると，Z を大きくしようとするとクーロン反発力によって阻まれるので，超重元素には限界がある（2.2.1 項）．一方，クーロン力のない中性子だけを増やそうとすると，質量公式（2.2.2 項，式 (2.3)）が示すように，陽子数に対して中性子数がアンバランスになり不安定化する．現実の世界に唯一現れる核物質，中性子星は，**重力相互作用**が加わることによって安定化しているのである．中性子星が中性子のみからなるとすると，$\sim 10^{57}$ 個の中性子でできた原子核ということになる．

核物質の状態方程式とは何であろうか．状態方程式というのは，理想気体についてのもの（$P = (n/V)k_B T = \rho k_B T$，$k_B$ はボルツマン定数）からわかるように，圧力 (P) を粒子数密度 (ρ) と温度 T で表した式で，**物質の基本方程式**の1つである．核物質の場合も同様に $P = P(\rho, T)$ を考えればよい．ただし，中性子星にせよ，原子核にせよ，$k_B T \ll \epsilon_F$（ϵ_F はフェルミエネルギー）で**極低温状態**にあり，$T = 0$ とみなしてよいので $P = P(\rho)$ が核物質の実質的な状態方程式となる．さらに，通常は1核子あたりのエネルギー E の密度依存性

$$E = E(\rho), \tag{6.1}$$

を核物質の状態方程式とすることが多い．$T = 0$ における核物質の圧力 P は，

$$P(\rho) = \rho^2 \frac{\partial E(\rho)}{\partial \rho}, \tag{6.2}$$

なので [83]，$E = E(\rho)$ で代表させているのである．

核物質の状態方程式を模式的に示したのが図 6.1 である．ここでは**対称核物質** $(Z=N)$ と**中性子物質** $(A=N)$ の 2 つの場合について示している．

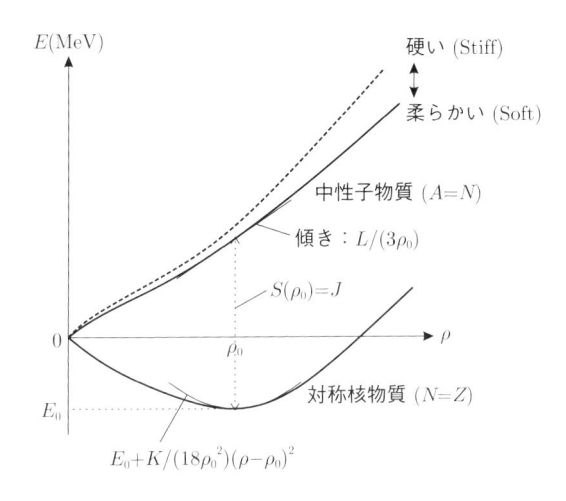

図 6.1 対称核物質と中性子物質の状態方程式の模式図．核子あたりのエネルギー E を密度 ρ の関数で表す．対称核物質の極小値をとる点（飽和点）では $E_0 = -16\mathrm{MeV}$，$\rho_0 = 0.17\ /\mathrm{fm}^3$ となる．中性子物質の状態方程式はいまだに決定されておらず，例えば硬い場合 (stiff) は点線のように，より傾きの強い曲線となる．

対称核物質は $\rho = \rho_0$ を極小値とする下に凸の曲線になる．この ρ_0 は飽和密度 $\rho_0 = 0.17\ /\mathrm{fm}^3$ であり，そのときのエネルギーは $E_0 = -16$ MeV である．この点が通常の束縛した $N=Z$ の原子核（核物質ではクーロン力と表面の効果を無視）に相当する．極小値の点はエネルギーが負で束縛できることを示している．$E_0 = -16$ MeV というのはクーロン力と表面の効果を無視したときの核子あたりの結合エネルギーに相当し，質量公式（式 (2.3)）の体積項 $-a_v$ に一致する．核物質の密度が上がっていくと核子 – 核子間の距離が短くなり，核力の斥力芯の領域（図 2.8）に入っていくのでエネルギーは正，つまり不安定になる．一方，密度が 0 になる極限では核子間距離が互いに十分離れた無限個の核子系となり，エネルギーが 0 になる．

対称核物質の状態方程式 $E = E(\rho)$ を $\rho = \rho_0$ のまわりでテイラー展開すると，

$$E(\rho) = E_0 + \frac{K}{18\rho_0^2}(\rho - \rho_0)^2 + ..., \tag{6.3}$$

となる．この第二項の係数 K は非圧縮率と呼ばれ，核物質がどのくらい圧縮しにくいかを表す量となっている．K は図 6.1 の極小値付近の曲率に比例し，α 粒子の非弾性散乱によって求めることができる．α 散乱で励起された原子核は単極子巨大共鳴を引き起こすことが知られており，これは原子核の密度振動にあたる．図 6.1 の極小値付近の振動はちょうど密度振動に相当するので，単極子巨大共鳴を調べると K が求まるのである．現在，$K = 240 \pm 10$ MeV [84] と，かなり精密に求められている．

一方，中性子物質の状態方程式を見てみよう．中性子物質はエネルギーが常に正となり束縛できない．これは，中性子 2 個からなる系に束縛状態がないことからも明らかである．また密度がゼロの極限では運動エネルギーもポテンシャルエネルギーもゼロになり，したがって $E \to 0$ である．

中性子星は主として中性子からなるため，中性子物質の状態方程式が基本となる．ただし，実際には中性子星内には陽子もある程度含まれる．こうした陽子を含む中性子星を理解するには，対称核物質から中性子物質をつなぐ任意の N/Z 比での状態方程式が必要である．そこで状態方程式 E の引数に，中性子物質の密度分布 ρ_n と陽子物質の密度 ρ_p の差を表す量 δ を導入する．すなわち，

$$\delta = \frac{\rho_n - \rho_p}{\rho} \approx \frac{N - Z}{A}. \tag{6.4}$$

ここで ρ は $\rho = \rho_n + \rho_p$ である．こうして，状態方程式を $E = E(\rho, \delta)$ のように ρ と δ の関数として表す．

E の δ 依存性についてもテイラー展開をしてみる．質量公式（式 (2.3)）の対称項を見ると，原子核の質量は δ^2 に比例している．また，原子核ではアイソスピンの対称性から n と p の入れ替えに対して対称なので δ の偶数次項しか残らない．したがって $E(\rho, \delta)$ についての主要項は，

$$E(\rho, \delta) = E(\rho, 0) + S(\rho)\delta^2 + ..., \tag{6.5}$$

となる．この $S(\rho)$ は**対称エネルギー**と呼ばれ，中性子物質や中性子過剰核物質を表す最も重要な量となっている．中性子物質では $\delta = 1$ なので式 (6.5) から

$$S(\rho) = E(\rho, 1) - E(\rho, 0), \tag{6.6}$$

である．つまり対称エネルギーは図 6.1 で中性子物質のエネルギーと対称核物

質のエネルギーの差に相当する．

さらに $S(\rho)$ を ρ_0 のまわりでテイラー展開してみよう．対称エネルギーには一次の項も登場し，

$$S(\rho) = J + \frac{L}{3\rho_0}(\rho - \rho_0) + \frac{K_{\text{sym}}}{18\rho_0^2}(\rho - \rho_0)^2 + ..., \tag{6.7}$$

と表される．$J = S(\rho_0)$ は ρ_0 のときの中性子物質と対称核物質のエネルギー差であり，$L/(3\rho_0)$ は $\rho = \rho_0$ における $E(\rho, \delta = 1)$ の傾きである．$\rho = \rho_0$ における中性子物質の圧力 P_0 は，

$$P_0 = \rho_0^2 \left.\frac{\partial E(\rho,1)}{\partial \rho}\right|_{\rho=\rho_0} = \rho_0^2 \left.\frac{\partial S(\rho)}{\partial \rho}\right|_{\rho=\rho_0} = \frac{\rho_0}{3}L, \tag{6.8}$$

と書き表せる．つまり L は P_0 に比例し，したがって圧力を表す．

中性子物質や中性子過剰な核物質を理解するためには，$\rho = \rho_0$ における対称エネルギー J，および圧力 L を決めることが最重要課題となる．これが中性子星の構造を理解する第一の鍵である．

ところで，中性子星は，単に中性子と，ある割合の陽子だけで構成されるのではない．クラスト（殻，crust）と呼ばれる低密度の表面付近には中性子過剰核が存在し，反対に最も密度の高いコア（核，core）の中心付近にはストレンジクォークをもつ Λ 粒子などのハイペロンが存在すると考えられている．さらには，閉じ込め状態から解放されたクォーク物質が存在する，とする説もある．いずれにしても，最終的に中性子星を理解するには，このような多くのエキゾチックな粒子も考慮して状態方程式を構築しなければならない．しかし本書では，中性子物質や中性子過剰核物質だけでできた中性子星の物理を理解することを第一の目標としたい．これが，中性子星の中心で起こっているよりエキゾチックな現象を理解するうえでも基礎となるからである．

6.2　中性子星

中性子星は，太陽質量の 8 倍以上の星が超新星爆発したときの残骸として生まれると考えられている [2]．このクラスの重い星は電子の縮退圧で支えられて

---
[2] 重力崩壊型超新星爆発．

おり，鉄コアサイズの成長とともに，質量が限界を越えて量を支えきれなくなり重力崩壊を始める．つぶれ始めると以下のような光分解反応 [85] と電子捕獲反応が起こり，崩壊がさらに進む．すなわち，光分解反応は，

$$^{56}\text{Fe} + \gamma \to 13\,^{4}\text{He} + 4n, \tag{6.9}$$

$$^{4}\text{He} + \gamma \to 2p + 2n, \tag{6.10}$$

のように進む．一方，縮退していた電子のエネルギーは圧縮によりさらに高くなり，電子は陽子に取り込まれて中性子化が進む（電子捕獲）．

$$p + e^- \to n + \nu_e. \tag{6.11}$$

ここで ν_e は電子ニュートリノである．このときコアの中心付近では原子核物質の飽和密度を越えて，原子核は溶け，一様核物質となる．

　鉄コアの外層から高速で落ちてくる物質は，飽和密度を越える固い核物質のコアに跳ね返され，衝撃波となって超新星爆発が引き起こされる．ただし跳ね返る時に発生する衝撃波が超新星爆発を直接起こすのには十分ではなく，発生した大量のニュートリノによって衝撃波背面が加熱されることにより，爆発のエネルギーが補われると考えられている．超新星爆発で半径 30 km を超える部分は外に吹き飛ばされ，残るのが原始中性子星 (proto-neutron star) である．原始中性子星はニュートリノを放出しながら冷えていき，圧力も下がって，我々が現在観測するような，質量が太陽質量の 1.4–2 倍程度で半径が 10–15km の中性子星が誕生するとされている [86]．本書では，このできあがった中性子星の構造を議論することにする．

6.2.1　中性子星の構造

　図 6.2 は，現在考えられている中性子星の構造の模式図である [83,86,87]．半径 10–15km のうち，原子核が中性子過剰核として残っている最も外側の領域がクラストであり，主に中性子の流体からなる内側がコアである．

　クラスト領域は約 1–2 km の厚みがあり [86]，図のように，外側のアウタークラスト（外殻）と内側のインナークラスト（内殻）に分けられる．外殻は密度が $0.001\rho_0$ 未満程度で，まだ中性子が流体として流出せず，中性子過剰核が電子の海の中で固体化している．この密度を超えると，中性子の化学ポテンシャ

6.2 中性子星

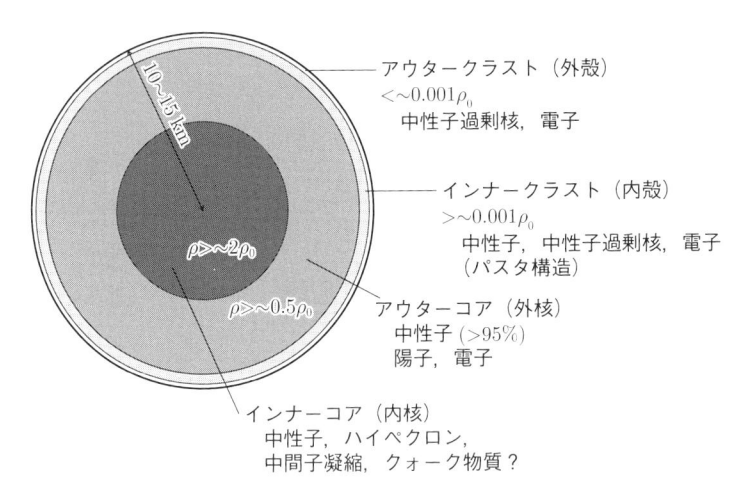

図 6.2 中性子星の模式図.

(図中ラベル:
10〜15 km
$\rho \gtrsim \sim 2\rho_0$
$\rho \gtrsim \sim 0.5\rho_0$
アウタークラスト（外殻）
$< \sim 0.001\rho_0$
中性子過剰核, 電子
インナークラスト（内殻）
$> \sim 0.001\rho_0$
中性子, 中性子過剰核, 電子
（パスタ構造）
アウターコア（外核）
中性子 ($>95\%$), 陽子, 電子
インナーコア（内核）
中性子, ハイペロン, 中間子凝縮, クォーク物質？)

ル μ_n が正となり，中性子がスープのようになって中性子過剰核の間にこぼれ出してくる．つまり中性子流体の海と電子の海の中に $Z = 10 - 20$, $A \sim 200$ のような中性子超過剰核が格子上に存在する状況になる．なお，化学ポテンシャル μ とは，粒子数を1つ増やすために必要なエネルギーのことであり，

$$\mu = \epsilon_F + U, \tag{6.12}$$

と ϵ_F （フェルミエネルギー）と平均場のポテンシャルを用いて表せる．フェルミエネルギーは式 (2.13) に示したように密度の 2/3 乗に比例し，密度が上がると μ も増える．密度が $0.001\rho_0$ 付近ではこの $\epsilon_F(>0)$ と $U(<0)$ がちょうどバランスしていて，それを超えると ϵ_F が U の深みをこえてしみ出せるということを意味する．

内殻では密度が増えてくるにつれ，中性子過剰核どうしがつながり合って，棒状になったり，巨大原子核の中に中性子流体でできた空洞を作ったりと，規則的ではあるが，さまざまな奇妙な形をすると考えられている．これを原子核パスタ構造と呼んでいる．一方，内殻の中性子流体中では，2個の中性子が $^1S_0$ （スピン一重項）状態のクーパー対を作り，超流動状態になっていると考えられている．

次にコア（核）の領域について見てみよう．コアは中性子星の質量の 99.9% を

占める．そのうち，外側のアウターコア（外核）領域は密度が $\rho > (0.5 \sim 1)\rho_0$ となっていて，主成分が中性子のスープ（流体）である．その中に数%の陽子と電子が流体として混ざっている．中性子成分は密度が高くフェルミ運動量が大きいために S 状態ではペアを作れず，より運動量の高い（角運動量の高い）$^3P_2$ というクーパー対を作ることになる．一方，陽子の方はその成分の密度が低いために運動量が低く，$^1S_0$ でクーパー対を作り超流動状態になっていると考えられている．このように中性子星の中では成分によってフェルミ運動量が異なり，これが興味深い相を作っていることが特徴である．

さらに内側に入っていくと，密度は $\rho \gtrsim 2\rho_0$ となり，インナーコア（内核）の領域になる．ここではストレンジクォークを含むハイペロンと呼ばれる種類の粒子や，K 中間子が凝縮した状態，さらにはクォーク物質でできた相などが存在する可能性が指摘されている．このうちハイペロンで最も軽い Λ 粒子は，化学ポテンシャル μ_Λ が中性子の化学ポテンシャル μ_n より小さくなると生成されうる．なお，粒子の生成消滅を考える際にはさらに質量項を考える必要がある．すなわち

$$\mu_\Lambda = \epsilon_F^{(\Lambda)} + m_\Lambda c^2 + U_\Lambda, \tag{6.13}$$

$$\mu_n = \epsilon_F^{(n)} + m_n c^2 + U_n. \tag{6.14}$$

中性子の密度が高くなりフェルミ運動量が増えてくると μ_n が増加し，やがて $m_\Lambda c^2 - m_n c^2 = 176$ MeV の差を超えるまでになると，Λ 粒子が産まれるというわけである．中性子密度が $2\rho_0$ 程度あたりに閾値があると考えられている．その他，密度が上がることは，より高エネルギーの中性子が含まれることを意味し，中間子などが生じる可能性もある．さらに中心付近の密度が $10\rho_0$ くらいになるとクォーク物質が出現するという予想もある．

6.2.2 簡単な模型で見た中性子星

ここで，中性子星の構造を，回転を無視し，簡単なモデルで見たときにどうなるかを考える．中性子星が存在するのは，自らの質量による**自己重力**と中性子などの物質の作る**圧力**が釣り合っているからであると言える（図 6.3(a)）．この圧力を決めるのが状態方程式であり，核力や多体効果に依存する．図 6.1 の「硬い」状態方程式は，圧力が高い場合に対応する．逆に柔かい状態方程式では

圧力が低くなる．硬い状態方程式ほど，より質量の大きい中性子星を支えられる．なお，あまりに重くなるとつぶれてブラックホールになる．

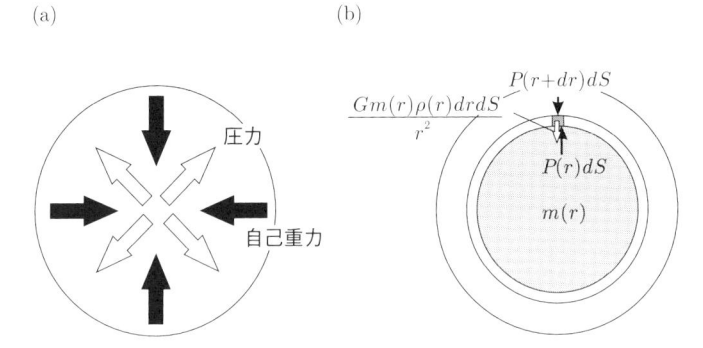

(a) (b)

図 6.3 (a) 中性子星は内側へ向かう自己重力と，正味外向きとなっている圧力が釣り合った状態と言える．圧力は核力や多体効果を反映した状態方程式で決まる．(b) 半径 r と $r+dr$ の間の薄い殻を考え，さらに微小面積 dS で切り取られた微小な円筒を考える（図の濃い灰色部分）．この部分にかかる内外の圧力差による力と，重力とが釣り合う．中心から半径 r までの球内の質量を $m(r)$，半径 r の位置における質量密度を $\rho(r)$ とした．

ニュートン力学の範囲でこの釣り合いを見てみることにしよう．中性子星は何らかの流体でできていると考えて，半径 $r \sim r+dr$ の薄い殻を考える．この殻上の微小な面積を dS としてこの殻を貫く円筒を考えると，圧力差による力と重力が釣り合っている（図6.3(b)）．すなわち，

$$[P(r+dr) - P(r)]dS = -G\frac{m(r)\rho(r)dSdr}{r^2}. \tag{6.15}$$

ここで $P(r)$ は半径 r における圧力，$m(r)$ は中心から半径 r までに含まれる物質の質量を表す．また，G は重力定数で，$\rho(r)$ は質量密度である．これより，

$$\frac{dP(r)}{dr} = -G\frac{m(r)}{r^2}\rho(r), \tag{6.16}$$

が導ける．一方 $m(r)$ は，

$$\frac{dm(r)}{dr} = 4\pi r^2 \rho(r), \tag{6.17}$$

を満たさなければならない．以上のように，$\rho(r), P(r), m(r)$ という3つの未知

関数に対して 2 つの微分方程式ができる．境界条件は中性子星の半径を R として $m(0) = 0$, $P(R) = 0$ である．後者は圧力が表面で 0 になることに対応する．

最終的に $\rho(r)$ を決めることが中性子星の半径や質量の関係を導くために必要である．そのためには $P(\rho)$ を別途与えてやらなければならない．この $P = P(\rho)$ こそが状態方程式である．

実際には中性子星のような強い重力を扱うには一般相対論を用いる必要がある．式 (6.16) に対応する一般相対論の式は TOV 方程式 (Tolman-Oppenheimer-Volkoff) である [83]．

$$\frac{dP(r)}{dr} = -\frac{G\left[m(r) + 4\pi r^3 P(r)/c^2\right](\rho(r) + P(r)/c^2)}{r^2\left[1 - 2Gm(r)/(rc^2)\right]}, \quad (6.18)$$

である．$P(r)$ が小さく，分母の $2Gm(r)/(rc^2)$ が小さい極限で式 (6.16) に一致することがわかるだろう．

次に，別の簡単なモデルとして，フェルミガス模型で，純粋中性子物質の中性子星を考えてみる．フェルミエネルギー $\epsilon_F^{(n)}$ は，式 (2.13) より，

$$\epsilon_F^{(n)} = \frac{\hbar^2}{2m_n}(3\pi^2\rho_n)^{2/3}. \quad (6.19)$$

ここで，m_n は中性子の質量，ρ_n は中性子数密度である．中性子 1 個あたりの平均運動エネルギー E は

$$E = \frac{3}{5}\epsilon_F^{(n)} = \frac{3\hbar^2}{10m_n}(3\pi^2\rho_n)^{2/3}, \quad (6.20)$$

である（3/5 の起源については式 (2.15) を参照）．中性子だけからなるので，$\rho_n = \rho_0$ のときには $N = Z$ のときに比べて中性子密度が 2 倍になり，$E(\rho_n = \rho_0) = 38$ MeV となる．この式が中性子フェルミ気体の状態方程式である．

フェルミガス模型で中性子星の半径を見積もってみる．中性子星を，半径 R の球の中に N 個の中性子が閉じ込められたフェルミガスの多体系とする．全質量を M とすると，中性子星のエネルギー E_{NS} は

$$\begin{aligned}E_{NS} &= \frac{3}{5}N\epsilon_F^{(n)} - \frac{3}{5}G\frac{M^2}{R} \\ &= \frac{3}{5}N^{5/3}\left(\frac{9\pi}{4}\right)^{2/3}\frac{\hbar^2}{2m_nR^2} - \frac{3}{5}G\frac{M^2}{R},\end{aligned} \quad (6.21)$$

である．第一項は運動エネルギーの総和（圧力）であり $\rho^{2/3} \propto 1/R^2$ から R^2 に反比例する．一方，第二項が重力によるポテンシャルエネルギーの総和で負であり，R に反比例する．

中性子星の半径は $\partial E/\partial R = 0$，つまり安定点として求まる．すなわち，

$$R = \left(\frac{9\pi}{4}\right)^{2/3} \frac{\hbar^2}{Gm_n^{8/3}M^{1/3}}, \tag{6.22}$$

となる．$M = 1.5M_\odot$ の場合で $R = 11$ km と，そこそこの値が見積もられる．なお，$M_\odot$ は太陽質量を表す．

もちろん現実の中性子は相互作用をしており，その相互作用は密度依存性をもっている．さらに陽子，電子，ハイペロンの影響もある．しかし，簡単なフェルミ気体モデルでだいたいの半径が出てくるということはフェルミオン多体系の面白い側面を示すものであろう．

6.2.3 中性子星の観測

さて，パルサーの観測でわかっている中性子星の構造について簡単にまとめておく．おおざっぱに言うと，質量は非常に精密に決められているが，半径はいまだによくわかっていないという状況にある．質量については，中性子星の最大質量が少なくとも $2M_\odot$ 程度であることが確定している（パルサー J1614-2230 は $M = (1.97 \pm 0.04)M_\odot$ [88]）．一方，半径は 9–15 km 位とまだ不定性が大きい．

質量の測定には連星系パルサーが利用される．例えば J1614-2230 は中性子星と白色矮星（伴星）の連星系である．連星系では，公転運動のためにパルサーの周期がドップラー効果を起こし変動する．これを調べると変動が一周する周期として公転周期 P が求められる．

ここで簡単のために，図 6.4 のように連星系は重心のまわりを円運動をしており，中性子星を星 1（質量 M_1，半径 a_1），伴星を星 2（質量 M_2，半径 a_2）としよう．さらに $a = a_1 + a_2$ として，連星系の公転周期 P は，ケプラーの法則から，

$$P = \frac{2\pi a^{3/2}}{\sqrt{G(M_1 + M_2)}}, \tag{6.23}$$

と書ける．

次にドップラーシフトを観測すると公転速度の視線方向成分がわかる．観測

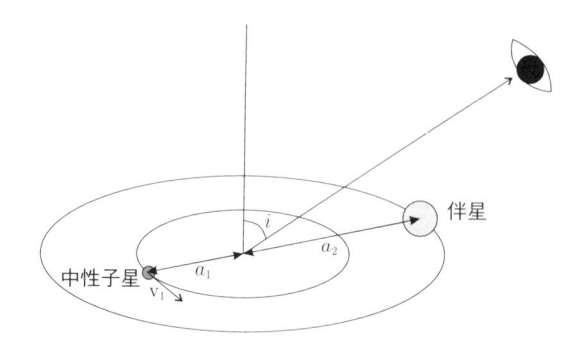

図 **6.4** 連星系とその観測の模式図. 星 1 が中性子星, 星 2 が伴星とした.

される速度は

$$v_1(t) = K_1 \cos \Omega t, \tag{6.24}$$

と視線方向の速度の振幅 K_1 と, 公転の角速度 Ω を用いて表され, この K_1 は

$$K_1 = V_1 \sin i = \frac{2\pi a_1}{P} \sin i, \tag{6.25}$$

で, V_1 は中性子星の公転速度である. $a_1/a_2 = M_2/M_1$ (a_1, a_2 は重心までの距離) から

$$a^3 = a_1^3 \frac{(M_1 + M_2)^3}{M_2^3} = \left(\frac{K_1 P}{2\pi \sin i}\right)^3 \frac{(M_1 + M_2)^3}{M_2^3}. \tag{6.26}$$

この式と式 (6.23) から,

$$\frac{(M_2 \sin i)^3}{(M_1 + M_2)^2} = \frac{K_1^3}{G} \left(\frac{P}{2\pi}\right), \tag{6.27}$$

が得られる. この右辺は観測から求められるので, 左辺の $M_1, M_2, \sin i$ の組み合わせ (質量関数と呼ばれる) が求まる.

あとは, 伴星の質量 M_2 と, 軌道面の法線と視線方向のなす角度 i がわかれば, 中性子星の質量 M_1 が求まる. これには一般相対論的効果の 1 つ, シャピロの時間の遅れなどが使われる (図 6.5 参照) [88]. シャピロの時間の遅れとは, 中性子星 (星 1) から発せられた光 (電磁波) が伴星の星 2 の近傍を通過するとき, 伴星の強い重力場によってゆがめられた空間を進むことになるので行路長さが伸び, 到達時間が遅れる現象である.

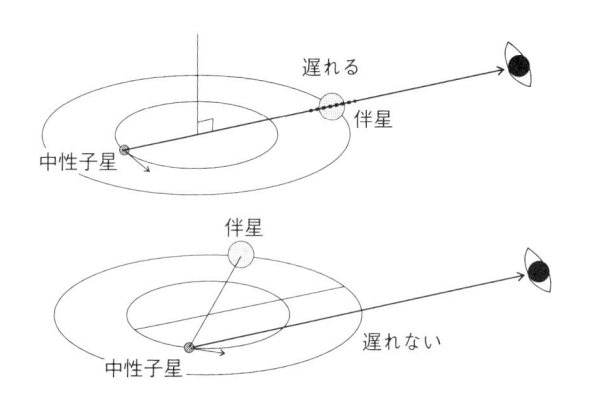

図 6.5 シャピロの遅れの模式図. パルサー J1614-2230 の場合, 角度 i(軌道面の法線と視線方向のなす角度)が 90°近くで, 図(上)のように中性子星と地球を結ぶ直線上に伴星が近づく状況ができ, シャピロの遅れを観測しやすい状況にあった.

最近，観測された J1614-2230 というパルサーの例では白色矮星が伴星である. 観測の結果, 角度 i は $89.17\pm0.02°$, つまりほぼ 90°で, 最もシャピロの時間の遅れが観測しやすい位置関係にあった. 一方, $M_2 = 0.500\pm0.006M_\odot$ が得られ, 質量関数, 式 (6.27) を用いて, 中性子星の質量は $M_1 = 1.97\pm0.04M_\odot$ と求められた.

この結果は, 中性子星の状態方程式に対して非常に大きなインパクトを与えた. それまでに高い精度で観測された中性子星の質量は $1.4M_\odot$ 程度であり, 中性子星の質量は 2 程度になることはないだろうと考えられていた. 実際, この観測前に提唱されていた多くの状態方程式が 2 倍の太陽質量をもつ中性子星の存在とは相いれなかったのである. この観測は, 核物理に対して強い制限を与えることになったのである.

ところで, 角度 i がほぼ 90°, つまり地球から見た視線方向にほぼ公転面があったというのはラッキーだったとも言える. このときシャピロの時間の遅れ効果が最大限に見えるからである.

一方, 中性子星の性質を決めるもう 1 つの重要な観測量, すなわち半径は, いまだによくわかっていない. 熱的放射, 重力赤方偏移, クラストの星振などの観測から半径の情報を引き出す試みは多くなされているが, いろいろな仮定や模型依存性を含む場合が多く, 半径は 8–15 km という範囲で不確定性がある.

6.2.4 中性子星と核物質の状態方程式

前節で述べたように，中性子星の観測からは精度の良い質量が得られているが，半径はまだ確定していない．一方，核物質の状態方程式が決まれば，質量と半径の関係が一意に決まることになる．したがって，質量が観測で決められている中性子星については，半径が状態方程式より求められることになる．実際，状態方程式で得られる飽和密度付近の圧力と半径の間には，以下のような簡単な関係がある [89]．

$$R \propto P^{1/4}. \tag{6.28}$$

しかし，図 6.6（口絵 4）に示すように状態方程式は，いまだ確定していない．図中 12 本の黒い実線は，核物質の状態方程式の理論計算を用いて得られる中性子星の質量と半径の関係であり，予言する半径の値は 8–15 km と幅広い．より重い質量を支えられる状態方程式（例えば MS2，MS0）は圧力が高めの硬い状態方程式であり，一方重い質量を許容しない GS1，PAL6 などは柔らかい状態方程式である．なお，SQM1，SQM3 はクォークのスープだけでできたクォー

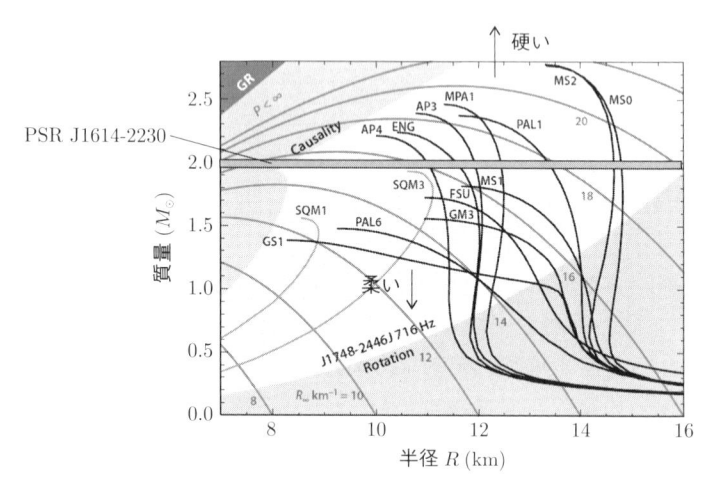

図 **6.6** 中性子星の質量と半径の関係．黒い実線は核物質の状態方程式に基づいて計算された質量と半径の間の関係を表す曲線である．灰色の水平の帯で示しているのはパルサー J1614-2230 で観測された質量の領域 $M = 1.97(4)M_\odot$ である [88]．"Rotation" より下はケプラー回転運動の制限から，一方 "Causality"（因果律）より上は相対論的因果律の制限から中性子星の存在が許容されない領域である．図は文献 [90] を基に作成（口絵 4）．

ク星である．

　前節で述べたパルサー J1614-2230 の観測から得られた精密な質量 $M = 1.97(4)M_\odot$ は，横棒の灰色領域で示した．状態方程式は少なくともこの質量の中性子星を支えられる圧力が必要である．この条件を入れると，図中にあるさまざまな状態方程式の予言のうち，約半数はこの条件を満たしていないことがわかる．

　この排除されたものの多くが，Λ粒子などのハイペロンなどを取り入れた模型であったため，ハイペロンの存在が本当に許されるのかどうかが大問題になっている．自然に考えるとハイペロンは中心付近の密度の上昇によって現れるべきものである．そうすると圧力を与える何か別のメカニズムがあるのかもしれない．中心付近では，中性子は密度が高いので，フェルミガス模型で考えたように運動量が高くなり，しかも互いが近接してポテンシャルが斥力的（図 2.8 参照）になってくる．このような高密度，高運動量の中性子に対し，成分密度の低いΛ粒子が混じってきたときにどのようなポテンシャルをΛ粒子や中性子が感じるのか，というのはいまだによくわかっていない．さらに中性子が多くある環境下での 3 体力（ハイペロン＋2 中性子間の 2 体力で説明できない成分）の効果も，今後解明すべき核物理の課題である．

　もちろん，こうした問いに答えるためには，基本となる中性子物質や中性子過剰な核物質の状態方程式（つまり対称エネルギー）を決定することが重要である．飽和密度付近はもとより広範囲の密度で，この状態方程式を決定することで，中性子星の構造により強い制限を与えることになろう．さらに対称エネルギーは，中性子星のクラストの構造や冷却機構にも大きな影響を与える．核物理はもとより，中性子星の物理では不可欠な方程式と言えよう．

　核物理の興味からは，核子でできた系がどこまで高密度になれるのか，また，超高密度でどのようにその相を変えていくのか，というハドロン物質科学としての根源的な問いに答えることになる．また，超流動などの核子多体効果が密度を変えることによってどのように変化していくのかを探るうえでも重要である．

6.3　中性子スキン核

　次に，中性子星より 18 桁以上も半径が小さい中性子過剰核に話を移そう．安

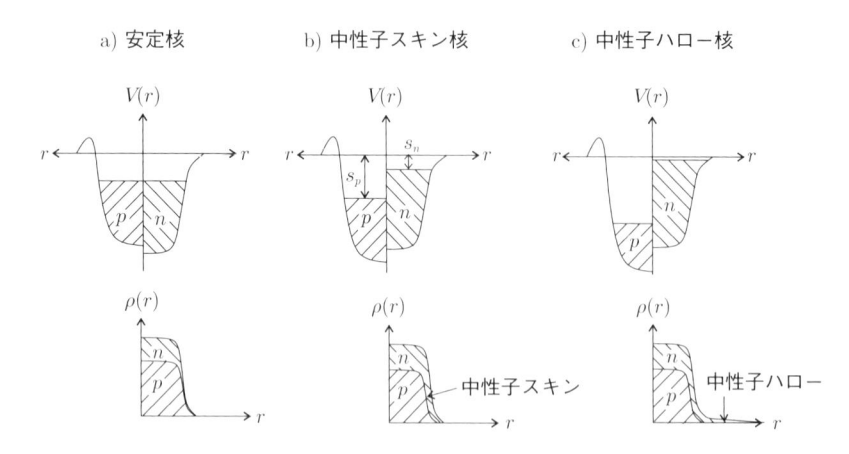

図 6.7 a) 安定核，b) 中性子スキン核 c) 中性子ハロー核について，それぞれの 1 体場のポテンシャルの形（上）と密度分布（下）．a) 重い安定核では中性子数は陽子数より多くなるが $S_n \approx S_p$ で，中性子分布と陽子分布はほぼ相似になる．b) 中性子過剰核では $S_n < S_p$ という状況になり，中性子の分布が広がり厚い中性子スキンが形成される．c) 中性子ドリップライン近傍では価中性子がトンネル効果によって 1 体場のポテンシャルの外にしみ出し，ハローが形成される．

定核に中性子を加えていくと中性子分布が陽子の分布を超えて広がってくる．そうすると中性子分布の半径が陽子分布の半径より大きくなる．中性子スキンとは，中性子過剰核に見られるこうした中性子分布のはみ出し部分のことである（図 6.7(b)（下）参照）．中性子スキンをもつ核を中性子スキン核と呼ぶ．

図 6.7 は，a) 安定核，b) 中性子スキン核，c) 中性子ハロー核について，陽子と中性子の 1 体場ポテンシャル（上）と密度分布（下）を，それぞれ模式的に表したものである．a) の安定核は，陽子の分離エネルギー S_p と中性子の分離エネルギー S_n がほぼ等しい核である．分離エネルギーは化学ポテンシャルの符号を反転したものなので，$\mu_p \approx \mu_n$ となって陽子中性子間の入れ替わりがない，つまり β 崩壊を起こさない核であることが自然にわかる．安定核においても重い原子核では中性子数が陽子数より多くなるが，その場合でも $S_n \approx S_p$ である．また中性子と陽子の密度分布関数はほぼ相似形で，総じて $\sqrt{\langle r_n^2 \rangle} \approx \sqrt{\langle r_p^2 \rangle}$ である．なお，後述するように，重い中性子過剰な安定核でも，0.1 fm ほどの薄い中性子スキンが形成されることがある．

一方 b) の中性子スキン核では，$S_p > S_n$ となっていて，化学ポテンシャルにアンバランスが生じている．中性子分布が陽子分布よりも広がり，複数の中

性子が表面を覆ったような状態になっている．この陽子部分の外側にある中性子部分が中性子スキンである．通常，スキンの厚みは $\sqrt{\langle r_n^2 \rangle} - \sqrt{\langle r_p^2 \rangle}$ で定義される．

さらに，第 4 章で議論したように，$S_n \approx 0$ となるドリップライン近傍では c) のように 1 個ないし 2 個の中性子からできた中性子ハローが形成されることがある．

図 6.7 からわかるように，中性子スキンは中性子ハローとは形成の仕方が異なる．中性子ハローは，弱束縛で角運動量も小さい価中性子（1–2 個）が，量子トンネル効果によって**1 体場のポテンシャルの範囲を超えて**しみ出し，形成されるものである．ポテンシャルの外の密度分布は指数関数的に減少する．一方，中性子スキンは**1 体場のポテンシャルの内側**での現象である．中性子数の増加により中性子流体の密度が増し，したがってフェルミ運動量が大きくなり，その圧力により分布が広がったものと解釈される．すなわち，中性子スキンは，中性子流体のもつ外向きの圧力と，核力による内向きの力が釣り合うように形成されたものとみなせる．内向きの自己重力と，中性子流体の外向きの圧力が釣り合って存在できる中性子星と類似している．なお，関与できる中性子の数は中性子ハローの場合より，一般的には多くなる．

中性子スキンの厚みは，中性子過剰核物質の状態方程式（式 (6.5)），特に対称エネルギー $S(\rho)$（式 (6.7)）と直接結びつく．また中性子スキン特有の励起モードとしてピグミー共鳴が励起される．中性子スキンは大半の中性子過剰核に存在すると考えられている．しかし，中性子スキンに関する実験はこれまであまり行われておらず，どのような場合に，中性子スキンが，より発達するのかなどの基本的性質がよくわかっていない．ここでは，中性子スキンの物理について，特に中性子過剰核物質の状態方程式との関連に着目しながら，見ていくことにする．

6.3.1 中性子スキンの測定

中性子過剰核に厚い中性子スキンが現れることを最初に示したのは，谷畑らによる ^{8}He の相互作用断面積の実験であった [91]．第 4 章で示したように，相互作用断面積は不安定核の核半径を求める最も有力な手法である．ただし，コアが何であるかを知らなければ，中性子スキンの厚さを見積もることはできない．具体的には ^{8}He が「（^{4}He のコア）＋（$4n$ のスキン）」とみなせる系かを知

る必要がある.

このようなコアとスキンの切り分けが可能かどうかは，^{8}He の相互作用断面積と ^{4}He の相互作用断面積の差が，4つの価中性子が関与した断面積と等しいかどうかを見ればよい．4つの価中性子が関与する反応とは ^{8}He→^{6}He（2中性子分離反応，$-2n$），および ^{8}He→^{4}He（4中性子分離反応 $-4n$）のみである．なぜなら ^{7}He と ^{5}He は非束縛核なので $-1n, -3n$ は観測できないからである．つまり，

$$\sigma_I(^8\text{He}) - \sigma_I(^4\text{He}) = \sigma_{-2n}(^8\text{He}) + \sigma_{-4n}(^4\text{He}), \tag{6.29}$$

であればよい．実際，核子あたり 800 MeV でこれらの断面積がすべて測定され，左辺は 314±8 mb，右辺は 297±19 mb と求められ，一致することがわかった．また，同様の解析で ^{8}He のコアが ^{6}He でないこともわかった．この実験から ^{8}He の $4n$ の広がりと ^{4}He コアの広がりの差が中性子スキンとみなされ，その厚み（$\Delta R_{rms} = \sqrt{\langle r_n^2 \rangle} - \sqrt{\langle r_p^2 \rangle}$）が $\Delta R_{rms}(^8\text{He}) = 0.93 \pm 0.06$ fm と非常に大きいことが判明した．中性子ハローの発見でも活躍した相互作用断面積が，中性子スキンの測定でも有用であることが示された．

最近，ミュラーらは，アイソトープシフトという電磁プローブを用いて ^{6,8}He の電荷分布半径（荷電半径）の精密測定に成功し，^{6,8}He 中での ^{4}He コアの大きさを求めている [92]．^{8}He や ^{6}He の中で，^{4}He コアがいわゆる自由粒子としての ^{4}He と同じであるかどうかは自明ではないので，実験的に決める必要があった．

アイソトープシフトを，^{4,8}He を例にして説明しよう．原子としての ^{4}He と ^{8}He は原子番号（陽子数）が同じなので化学的性質（まわりを取り巻く 2 個の電子の性質）は原則同じである．しかし ^{4}He と ^{8}He とでは，1) 質量が異なるので電子を含めた換算質量が異なり，2) 原子核中の電荷分布（陽子分布）に応じて，電子（特に s 電子）の感じるクーロンポテンシャルが微小ながら異なる．つまり，原子番号が同じあっても化学的性質がわずかに異なることがあり，特に原子の遷移エネルギーの違いを，アイソトープシフトと呼んでいる．2) から，アイソトープシフトを調べると原子核中の陽子分布がわかるわけである．He の場合には電子の $2^3S - 3^3P$ 軌道間の遷移が詳しく調べられ，^{4}He と ^{8}He について，その遷移エネルギー（実験では周波数）の差が求められた．1) の質量シフトは正確に計算できるので，2) の電荷分布の違いによる電場シフトが精密に決められるのである．この実験では，磁場とレーザーの組み合わせによって

不安定核の $^8\mathrm{He}$ をトラップする技術が使われた．実験の結果，面白いことに，$^6\mathrm{He}$，$^8\mathrm{He}$ の電荷分布半径（平均二乗根半径）は，それぞれ，2.068 ± 0.011 fm，1.929 ± 0.026 fm で，自由な $^4\mathrm{He}$ の 1.676 ± 0.008 fm より大きいことがわかった．$^6\mathrm{He}$ の 2 個のハロー中性子や，$^8\mathrm{He}$ のスキンを構成する 4 個の中性子がコアに対して偏りがあると，その分，コアの重心が全体の重心からずれるので，荷電半径が大きくなっているように見える．その効果は，$^6\mathrm{He}$ についてはダイニュートロン的相関が現れるため特に強く，$^8\mathrm{He}$ ではこうした偏りは小さいと解釈されている．いずれにしても，$^8\mathrm{He}$ の厚い中性子スキンの存在は確証された．$^6\mathrm{He}$ や $^8\mathrm{He}$ についてのこうした研究は，最近急速に進展しつつある．核構造の第一原理計算（アブイニシオ計算）のテストベンチとしても重要である．

次に，やや重い原子核 Na 同位体について，中性子スキンの発達を見てみよう．この場合は，アイソトープシフトによって荷電半径，したがって陽子分布の平均二乗根半径が図 6.8（黒丸）のように調べられている．鈴木らは，GSI において Na 同位体の相互作用断面積を系統的に測定し，図 6.8 の白丸，白三角のように核子（陽子＋中性子）分布の平均二乗根半径を求め，その差から中性子スキンの厚さを評価した [93]．得られた中性子過剰 Na 同位体の中性子スキン

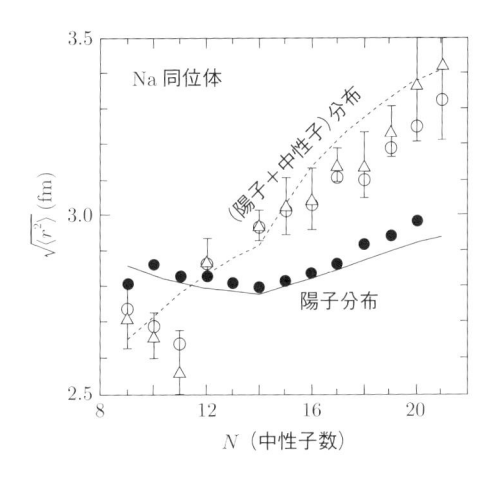

図 6.8 Na 同位体について，相互作用断面積の測定で得られた核子（陽子＋中性子）分布の平均二乗根半径（白抜きの三角，丸）および，アイソトープシフトの測定で得られた陽子分布の平均二乗根半径（黒丸）．この差異が中性子スキンの厚みである．白抜きの三角と丸の違いは平均二乗根半径を引き出すときの模型の違いによる．線は相対論的平均場理論の計算結果．図は文献 [93] を基に作成．

の厚みは 0.2–0.3 fm と大きいものであった．すなわち，このような厚い中性子スキンは，中性子過剰核の一般的性質であることが示されたのである．

6.3.2 中性子スキンの形成と状態方程式

中性子スキンが，中性子過剰核ではどうして発達するのかを考えてみたい．A を固定して，液滴模型的には同じ体積をとることとする（半径 $R = r_0 A^{1/3}$）．陽子を中性子に 1 個ずつ置き換えて中性子過剰にしていくと，図 6.9（左）のように中性子分布の中心密度 (ρ_n) は高くなり，逆に陽子の密度 ρ_p は低くなる．中性子側だけで見ると，密度が高くなるということはフェルミ運動量が大きくなり（$P_F = \hbar(3\pi^2 \rho_n)^{1/3}$，式 (2.12) 参照），圧力が増すということである．逆に陽子側は密度が低くなることで，フェルミ運動量も小さくなり圧力は減少する．したがって中性子数が過剰になると，図 6.9（右）のように中性子を外側に押し出して中心密度 ρ_n を下げようとする．例えば，簡単のため半径が R の球内に，中性子が密度 ρ_n で一様に分布しているとすると，$R \to R + \delta R$ によって密度は $\rho_n(1 - 3\delta R/R)$ に，フェルミエネルギーは $\epsilon_F(1 - 2\delta R/R)$ になる．もちろん，これによって中性子スキン内の中性子とコア内の陽子がやや離れるので，pn 間のポテンシャルではやや損をすることになる．このバランスで中性子スキンの厚みが決まるが，中性子過剰度によって中性子スキンの厚みが増すということは定性的には理解できる．

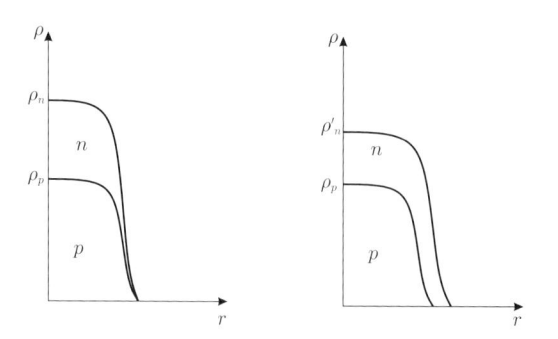

図 6.9 中性子スキンの発達の模式図．（左）中性子過剰核で，陽子と中性子の分布が相似形で平均二乗半径が等しい場合．（右）同じ中性子過剰核で，中性子スキンをもつ場合．中性子の中心密度が $\rho_n \to \rho'_n$ と減少し，中性子のフェルミ運動量（エネルギー）が小さくなり，より安定化する．

6.3 中性子スキン核　157

次に，図 6.1 で示した中性子物質の状態方程式を見てみよう．$\rho = \rho_0$ 付近では傾きが $L/(3\rho_0)$ となっていて，これは正なので密度が増えるとやはり不安定になる状況が見てとれる．したがって密度を低めようとする圧力が自然に働き半径が大きくなることがわかる．L が大きいとその圧力はより高まり，より密度を低めようとする力が働く．すなわち L と中性子スキンの厚みは正の相関をもつのである．

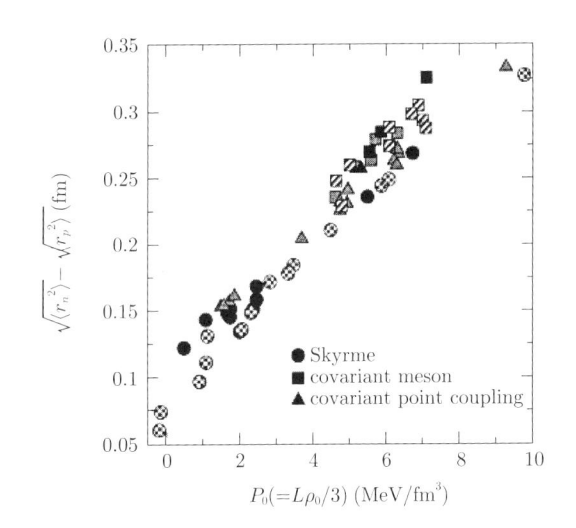

図 **6.10** ハートリーフォック計算や有効場理論などさまざまな理論で得られる ^{208}Pb の中性子スキン厚と圧力のプロット．きれいに正の相関があることが見てとれる．このことから中性子スキン厚の測定により中性子物質の状態方程式の傾き L が求まることがわかる．図は文献 [94] を基に作成．

より現実に即した微視的理論の結果を示したのが図 6.10 である [94]．中性子スキン厚と，$\rho = \rho_0$ での圧力 P_0 との関係をプロットしている．P_0 は式 (6.8) に示したように $L\rho_0/3$ なので，まさに中性子スキン厚と L の相関を見たものと思ってよい．このように，中性子スキン厚と L はほぼ比例していることがわかる．この図の計算は，不安定核でなく中性子スキンが薄い安定核 ^{208}Pb のものであるが，不安定核においても同様の相関が見られる．

以上から，中性子スキン厚が実験で測定できれば，L が求まることがわかる．このように，中性子スキン核の研究は直接，中性子核物質の状態方程式に結びつくのである．

6.3.3 中性子スキン核のピグミー共鳴

中性子スキン核は,コア部分とスキン部分という二重構造をした原子核である.これは中性子ハロー核に類似しており,中性子ハロー核で見られたソフト双極子励起のような興味深い励起モードがないかどうか,という疑問が湧いてくる.

実際 GSI（ドイツ）では,中性子過剰核 ^{130}Sn, ^{132}Sn について,ハロー核の電気双極子応答でも有用であったクーロン分解の実験が行われた.その結果,ピグミー双極子共鳴 (Pygmy Dipole Resonance, PDR) と呼ばれる励起モードが観測された.図 6.11 は,安定核の ^{124}Sn, および ^{130}Sn, ^{132}Sn について,光吸収断面積 σ_γ（右）を示したものである.なお,左はクーロン分解断面積である.クーロン分解断面積が仮想光子数と光吸収断面積の積で書けることは,4.4.2 項の式 (4.40) で示した通りである（仮想光子法）.

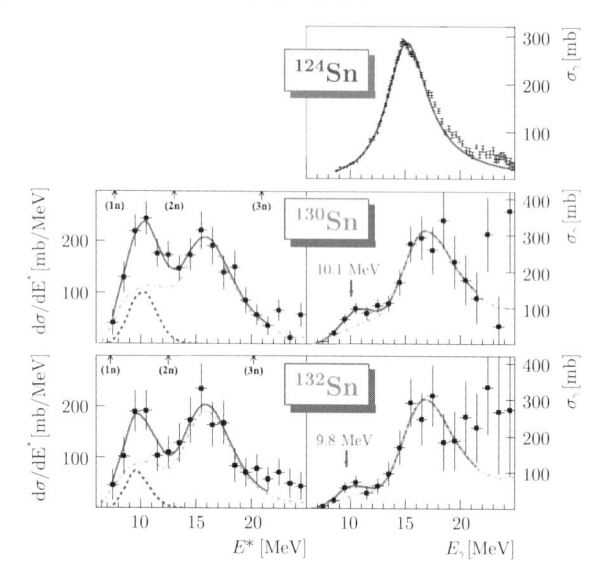

図 **6.11** （左）GSI で測定された ^{130}Sn, ^{132}Sn のクーロン分解断面積の励起エネルギースペクトル.（右）仮想光子法を用いて光吸収断面積 σ_γ に焼き直したもの.（右上）すでに知られていた安定核 ^{124}Sn の光吸収断面積. ^{124}Sn では巨大双極子共鳴 (GDR) のピークのみが観測されるが, ^{130}Sn, ^{132}Sn では GDR に加え, $E_\gamma \sim 10$ MeV 付近にピグミー双極子共鳴のピークが観測された.図は文献 [95] から転載 [*].

---

[*] Reprinted figure with permission from [95] Copyright (2005) by the American Physical Society.

右側の σ_γ（光吸収断面積）に注目してほしい．安定核の ^{124}Sn には，励起エネルギー $E_\gamma(=E_\mathrm{x})$ =15 MeV 付近に 1 つの大きなピークがある．これは安定核ではよく知られた巨大双極子共鳴（Giant Dipole Reonance, GDR）のピークである．$E_\mathrm{x} \sim 80A^{-1/3}$ MeV にピークをもつことが知られているが，確かにそうなっている．巨大双極子共鳴は，1950 年代から多数の安定核に対して非常によく調べられていて，4.4.1 項でも触れたように，巨視的には陽子流体と中性子流体の逆相振動とみなせることが知られている．微視的には $1\hbar\omega$ の励起（1^-，$1p1h$ 励起）の重ね合わせとして記述できる．単純に $1\hbar\omega$ の励起エネルギーをとると $E_\mathrm{x} \sim 40A^{-1/3}$ MeV となるのだが，粒子-空孔間の残留相互作用によってその約 2 倍，すなわち $80A^{-1/3}$ の励起エネルギーがピークとして現れる．

一方の中性子過剰核 ^{130}Sn，^{132}Sn では，E_γ =17 MeV 付近の GDR と見なせるピークの他に，$E_\gamma \sim$10 MeV 付近に小さなピークが観測された．これこそがピグミー双極子共鳴（PDR）である．PDR は中性子スキンの発達によってスキンがコアに対して振動するモードであると解釈されている．

光吸収による，安定核，中性子スキン核（中性子過剰核），および中性子ハロー核の電気双極子応答（$E1$ 応答）の様子を模式的にまとめたのが図 6.12 である．中性子ハローの電気双極子応答を議論した際に用いた図 4.20 を中性子スキンの場合 (b) にも拡張したものである．安定核 (a) では，^{124}Sn のように GDR のピークで電気双極子強度の和則（TRK の和則，式 (4.38) 参照）が尽くされているが，中性子スキン核 (b) では，GDR の低エネルギー側の裾の端あたり（$E_\mathrm{x} \sim 8$ – 10 MeV）に，TRK 和則の 5%程度の強度でピグミー双極子共鳴（PDR）が励起される．中性子ハロー核 (c) については，4.4.3 項で見たように，励起エネルギー E_x $\sim$1 MeV 以下程度をピークとする強い双極子励起（ソフト双極子励起）が起こる．強度は TRK 和則の 10%程度である．ただし，これは共鳴状態への励起ではなく，共鳴を経由せず，コアとハロー中性子が分離するという，直接分解反応モデルで理解されている．このように，安定核，中性子スキン核，中性子ハロー核に対して三者三様の電気双極子応答が現れるのである．

次に，ピグミー双極子共鳴と中性子スキン，状態方程式の対称エネルギーの関係について見てみよう．図 6.10 に示したように，中性子スキン厚と対称エネルギーの第一項（圧力項）には相関があることがわかった．ピグミー双極子共鳴が中性子スキン厚と相関をもてば，ピグミー双極子共鳴からも対称エネルギー

a) 安定核

σ

GDR
15〜20 MeV

$E_x (= E_\gamma)$

p ↔ n

b) 中性子スキン核（中性子過剰核）

σ

コア ↔
中性子スキン

PDR
〜10 MeV

GDR
15〜20 MeV

E_x

c) 中性子ハロー核

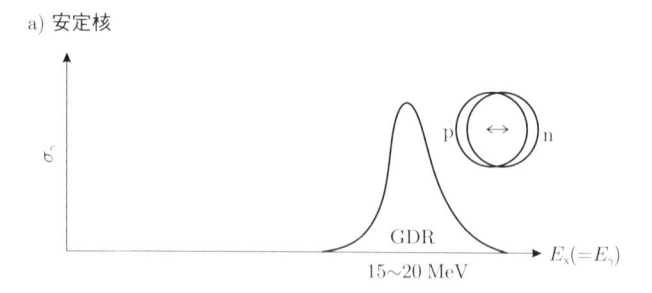

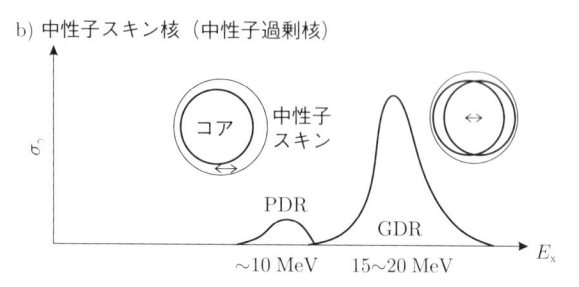

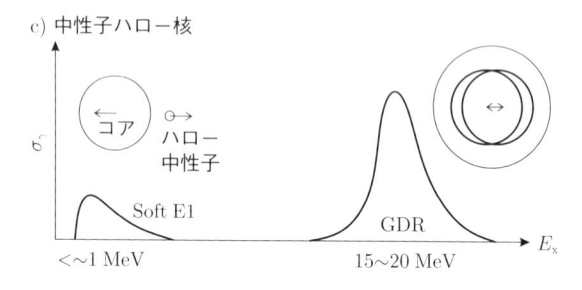

σ

← コア
ハロー中性子 ↔

Soft E1
<〜1 MeV

GDR
15〜20 MeV

E_x

図 6.12 原子核の電気双極子応答．図 4.20 を中性子スキンの場合にも拡張した模式図となっている．a) 安定核：安定核では陽子流体と中性子流体の逆相振動である巨大双極子共鳴 (GDR) が励起される．b) 中性子スキン核：中性子スキンをもつような中性子過剰核では，中性子スキンとコアの間の緩やかな振動モード，ピグミー双極子共鳴 (PDR) が励起される．c) 中性子ハロー核：ソフト双極子励起が発現する．

に制限を加えることができるだろう．

実際，^{130}Sn，^{132}Sn のピグミー共鳴の強度，中性子スキン厚，対称エネルギーの J（定数項，$\rho = \rho_0$ のときの対称エネルギー）との相関を調べたのが図 6.13 である [96]．上側の図はピグミー双極子共鳴の $E1$ 強度の和と巨大双極子共鳴

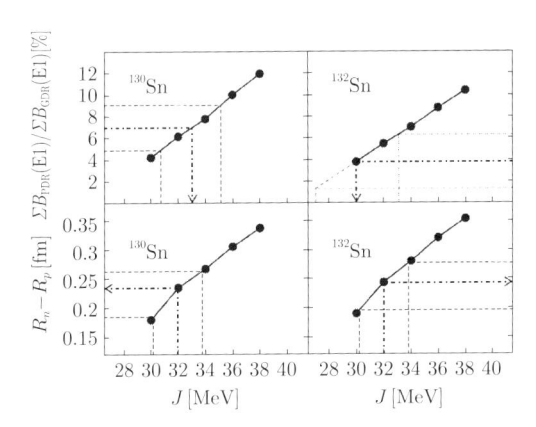

図 **6.13** （上）相対論的平均場理論で有効相互作用を変化させながら得られたピグミー双極子共鳴の強度の GDR の強度に対する割合と，対称エネルギー J との相関．（下）同じ計算で得られた中性子スキン厚と J との相関．図は文献 [96] より転載 *).

の同強度の和との比である．つまりピグミー共鳴の割合にあたる．図中の実線は相対論的な平均場理論計算で有効相互作用を変化させ，ピグミー共鳴の強度の割合の変化を見ており，J と正の相関をもつことが見てとれる．つまり，この相関を利用して，PDR から J を求めることができることを示している．下側の図では，中性子スキン厚と，状態方程式のパラメータ J との関係を同様の理論計算で調べたもので，やはり正の相関が示されている．以上から，PDR の強度とスキン厚にも正の相関があることがわかる．実際に，実験で得られたピグミー双極子強度の割合から $J = 32.0 \pm 1.8$ MeV が求まった．また中性子スキンについては ^{130}Sn, ^{132}Sn について，それぞれ，0.23 ± 0.04 fm, 0.24 ± 0.04 fm と求まり，比較的厚い中性子スキンがあることが判明した．

6.4　中性子スキン核と状態方程式 – 研究の展開

中性子スキンは，中性子過剰核の一般的な特徴の1つであり，ほとんどの中性子過剰核に現れると考えられている．しかし，中性子スキン厚の測定，ピグ

---

*) Reprinted figure with permission from [96] Copyright (2007) by the American Physical Society.

ミー双極子共鳴の実験はまだ始まったばかりで，今後の展開が期待されるテーマである．

一方，上でも触れたように，中性子スキンは，重い「安定核」でも薄いながら存在することがわかってきた．この節では，安定核で二重魔法数の核 ^{208}Pb について，最近行われた電気双極子応答の精密測定実験を紹介する．また，核物理の研究を通して得られる対称エネルギーの制限についての現状と今後の課題を述べたい．

6.4.1 安定核の電気双極子応答と中性子スキン

重い安定核は中性子数が陽子数より多いため，例えば，^{208}Pb で 0.1 fm 程度の薄い中性子スキンの存在が示唆されている．民井らはこれを決定づけるべく，陽子の前方非弾性散乱を用いた新しい実験手法で ^{208}Pb の電気双極子応答を求めた [97,98]．

安定核の中性子スキンは薄いのだが，中性子過剰核の実験に比べて統計量の多さや分解能などで利点がある．大阪大学にある核物理研究センター (Research Center for Nuclear Physics: RCNP) は 2 台のサイクロトロンを備え，特に，分解能の高い軽イオンビームに定評がある．図 6.14 は RCNP の加速器施設と，^{208}Pb の陽子非弾性散乱の実験に用いられた世界一の運動量分解能を誇る磁気スペクトロメータ Grand Raiden の模式図である．不安定核ビームの実験とは異なり，プローブされるものが標的 (^{208}Pb) であり，プローブとなるビームの陽子は標的と非弾性散乱を起こし，Grand Raiden で運動量と角度が精密に測定される．その運動量ベクトルからエネルギー，運動量の保存則を用いて，^{208}Pb の励起エネルギースペクトルが 25 keV（半値全幅）という高分解能で得られる．

この実験では，電荷の小さい陽子の非弾性散乱でも，0° 付近の超前方への散乱はクーロン励起が主となることを利用している．また，スピンの向きを揃えた偏極陽子ビームが用いられた．超前方の散乱では，電気双極子励起 ($E1$) に磁気双極子励起 ($M1$) の成分が混じるのだが，これはスピンの向きの変化（スピン移行量）を調べることで分けられる．$M1$ ではスピン (S) が 1 変化するが，$E1$ では S が変化しないからである（$E1$ では，代わりに軌道角運動量 L が 1 変化する）．この実験で得られた微分散乱断面積，およびスピン移行量の励起エネルギー依存性を示したのが図 6.15（上）である．断面積のほとんどは $E1$ 成分で，$M1$ 成分は全スピン移行と角度分布によって差し引くことができる．こ

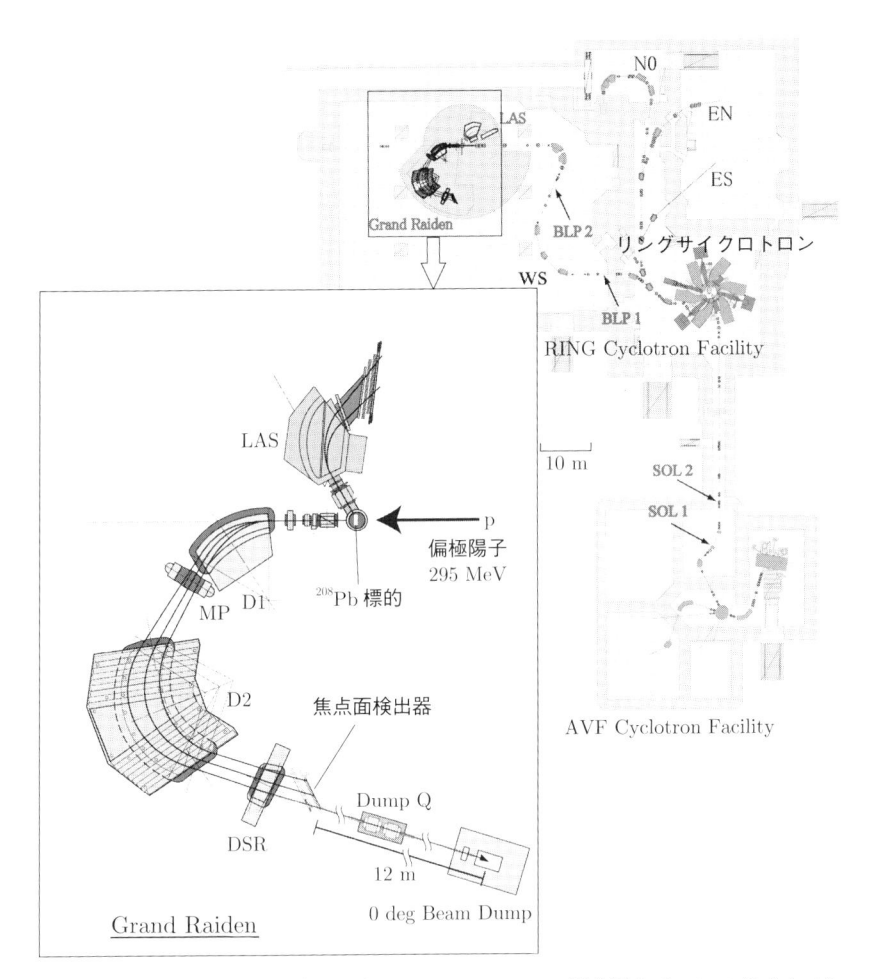

6.4 中性子スキン核と状態方程式 – 研究の展開   163

図 6.14 （右）大阪大学核物理研究センター (RCNP) の模式図 [99]．AVF サイクロトロンとリングサイクロトロンによって，陽子から重イオンまでが加速できる．陽子の場合 400 MeV 程度のエネルギーまで加速できる．（左）^{208}Pb の陽子非弾性散乱実験が行われた Grand Raiden, 295MeV の陽子ビームを ^{208}Pb 標的に衝突させ，非弾性散乱された陽子を電磁スペクトロメータで分析する [97-99]．D1, D2 は双極子磁石．

の図からわかるように，$E_x \sim 8$ MeV 付近にはピグミー双極子共鳴（細いピークの集合）が観測された．さらに巨大双極子共鳴のピークが 13 MeV 付近をピークとして大部分を占めることも見てとれる．

この実験では，ピグミー双極子共鳴の強度からではなく，双極分極率 α_D という量が中性子スキンの見積もりに用いられた．双極分極率は，電場の中に物質を置いたときに，プラスとマイナスの電荷分布がどの程度ずれるかを示す量である．原子核の場合には中性子分布と陽子分布のずれ（分極）に対応し，

$$\alpha_D = \frac{hc}{2\pi^2} \int \frac{\sigma_\gamma^{(E1)}(E_x)}{E_x^2} dE_x = \frac{8\pi}{9} \int \frac{1}{E_x} \frac{dB(E1)}{dE_x} dE_x, \qquad (6.30)$$

と表される．ここで $\sigma_\gamma^{(E1)}(E_x)$ は $E1$ の光吸収断面積で，$B(E1)$ との関係は，式 (4.38) や式 (4.40) と同様である．

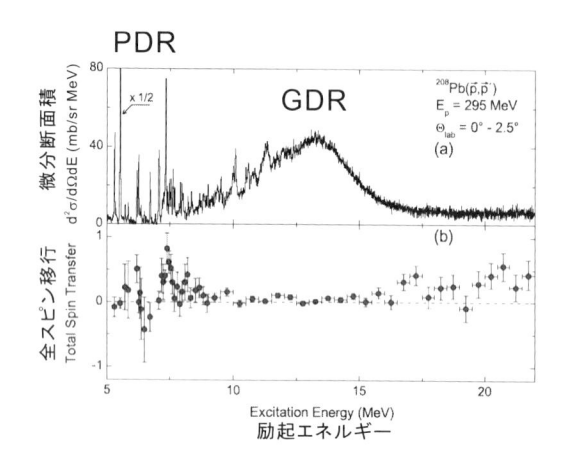

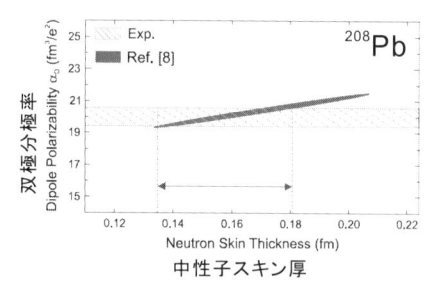

図 6.15 （上）(a) ^{208}Pb の陽子非弾性散乱で得られたエネルギー角度微分断面積．(b) 全スピン移行量．大部分は $E1$ 励起でありピグミー双極子共鳴 ($E_x \sim 8$ MeV の細いピークの集合)，巨大双極子共鳴 ($E_x \sim 13$ MeV 付近のピーク) となっている．$M1$ が少し混じっているがスピン移行量の測定によって差し引くことで純粋に $E1$ の成分が抽出される．（下）双極分極率と中性子スキン厚の相関．いずれの図も文献 [97] を基に作成．

最近,ラインハルトとナザレビッツの理論 [100] により,ピグミー双極子共鳴の強度よりも双極分極率の方が中性子スキンとの正の相関関係が強いことが示されていて,その様子を表したのが図 6.15（下）である.さらに,この実験で得られた α_D の値と比べ,^{208}Pb の中性子スキンの厚みが $r_\mathrm{skin} = 0.156^{+0.025}_{-0.021}$ fm と求められた.この結果は,次項で示すように,対称エネルギー $S(\rho)$ の J, L に対して非常に強い制限を与えることとなった.

6.4.2 核物質の状態方程式と今後の展開

現時点で,核物質の対称エネルギー $S(\rho)$ はどの程度わかっているのであろうか.その最も重要なパラメータである L, J に対する制限を図 6.16（左図,右図）に示す.左図は主として実験値をもとに与えられた制限で,PDR は ^{130,132}Sn など,中性子過剰核のピグミー双極子共鳴による制限である.この他,IAS（アイソバリックアナログ状態),HIC（Heavy Ion Collision：重イオン衝突の実験）などでも制限が与えられる.一方,右図は最近進展している有効カイラル場理論を用いた計算結果と,上で示した民井らによる ^{208}Pb の双極子励起応答の実験からの制限である [101, 102].J については 32 ± 1 MeV 程度で比較的厳しい

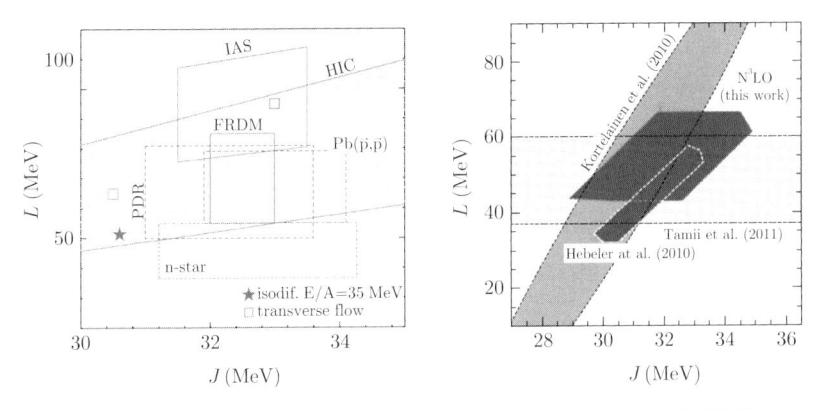

図 **6.16** 左）ツァンらがまとめた J, L に対する制限.PDR は上で示した ^{130,132}Sn の結果,その他重イオン衝突 (HIC),原子核の質量（FRDM 質量公式),アイソバリックアナログ状態の系統性 (IAS),偏極陽子の弾性散乱 Pb($\vec{p}, \vec{p}$) による制限.文献 [101] を基に作成.右）テューズらがまとめた J, L に対する制限 [102].民井らの ^{208}Pb の電気双極子応答の実験 [97],平均場理論による値 [103] およびテューズらの有効カイラル場理論の計算,ヘブラーによる同様の理論 [104]などが用いられている.文献 [102] を基に作成.

制限がついているものの，L については $L \sim 40\text{--}70$ MeV となっており，未だに不定性が大きい．L は中性子スキンの厚さや中性子の半径を決める最重要のパラメータなので，この値を精度よく決定することが求められている．実験的には，不安定核でピグミー双極子共鳴を含む電気双極子応答を系統的に測定する必要がある．RIBF では大口径スペクトロメータ SAMURAI という装置を用いて [105]，ピグミー双極子共鳴の系統的な実験が今後進められる予定である．

また，電気双極子応答やピグミー双極子共鳴の実験と同様に重要なのが，**中性子スキン厚の直接測定**である．そのためには中性子分布と陽子分布を独立に測定する必要がある．中性子と陽子を合わせた核子密度分布（物質密度分布）は相互作用断面積の測定で導出可能であるが，陽子分布半径の導出はアイソトープシフトによる方法しかなかった．最近，山口らは荷電変化反応断面積を求めるやり方で陽子分布半径を導出する方法を開発した [106]．荷電変化反応断面積とは陽子数が変化する断面積であり，これがグラウバー模型によって陽子分布の半径に依存することを利用するものである．モデル依存性があり，重い原子核にどの程度応用可能かは不透明なところもあるが，今後の進展が期待される．

理研 RIBF では，不安定核の電子散乱を用いた電荷分布の測定装置が完成に近づいている．電子散乱は，安定核の電荷分布（したがって陽子分布）の測定では最も成功をおさめた厳密で優れた手法であるが，不安定核は短寿命でそのままでは標的にはできないため，ビームとして得られる電子との散乱は不可能と考えられてきた．RIBF では，ScRIT(Self-containing RI Ion Trap) と呼ばれる加速された電子を周回させる蓄積リングの軌道上に，不安定核のイオン群をトラップするという奇抜なアイディアが若杉，須田らによって考案され，実際に建設された [107]．周回する電子とトラップされた不安定核を散乱させるという世界初の試みがまもなく実現の見込みである．

また，陽子の弾性散乱の精密測定でも中性子スキンの厚さが求められる可能性がある．安定核ではこれが実証されており，RIBF でも不安定核への応用が実現する見込みである [98]．

さらに，中性子スキン核の単極子巨大共鳴の測定による対称エネルギーの非圧縮率パラメータ K_{sym} の決定に向けての研究も始まっている（式 (6.7) 参照）．これは，中性子物質の非圧縮率に関わる量である．単極子巨大共鳴には α 標的による非弾性散乱が有効であるが，α 粒子の反跳エネルギーは小さく，通常の液体ヘリウム標的では標的外に放出されず測定はほぼ不可能である．これを回

避すべく，アクティブ標的[3]が世界中で開発されている．フランスの GANIL ではヘリウムを注入したアクティブ標的 MAYA を用いて ^{68}Ni+α の非弾性散乱の実験についに成功し [108]，不安定核でも単極子巨大共鳴の実験が可能であることが実証された．RIBF においても中性子スキン核の単極子巨大共鳴の実験が計画されており，数年のうちには K_{sym} の決定に結びつくような結果が出てくる可能性は大きい．

以上のように，中性子スキンの理解は今後 5-10 年くらいで飛躍的に進む可能性がある．これによって $\rho \sim \rho_0$ 付近の対称エネルギ $S(\rho)$ がほぼ決定できるのではないかと期待されている．

ところで，より難しいのは，密度が高いときの核物質の状態方程式である．重イオン衝突（^{132}Sn+^{112}Sn のような中性子過剰核+安定核の衝突）の実験では，核破砕反応の参加者領域（図 3.1 参照）で $\rho \sim 2\rho_0$ のような高密度状態を作ることができる．ここから出てくる中性子数/陽子数比や，さらには π 中間子の π^+/π^- 比がこの密度領域のプローブになりうることが理論的に示されている．このような実験も RIBF で計画されている．

さらに密度が高く $\rho \sim 3\rho_0$ になると Λ 粒子などのハイペロンの自由度が出てくる．我が国には世界をリードする J-PARC という高強度の陽子加速器施設がある．ここでは，ストレンジネスを含む中間子（K 中間子）を生成し，これを原子核に埋め込んで，ストレンジネスをもつ原子核，ハイパー核の実験が進んでいる．例えば，中性子過剰なハイパー核の生成や 2 つの Λ 粒子が入ったハイパー核の生成で，ハイペロンと中性子間のポテンシャル，ハイペロンの入った 3 体力の研究などが進んでいる．式 (6.13) や式 (6.14) からもわかるように，こうした核力の解明が，より密度の高い核物質，すなわち中性子星の中心部を理解するうえで重要である．

こうした地上の加速器を用いた実験で核物質の状態方程式が決定されれば，中性子星の質量をどこまで支えられるか，中性子星の半径はいくらか，そして中性子星の内部構造はどうなっているかについての答えが得られるものと期待される．

---

[3] 標的が検出器を兼ねるものをアクティブ標的と呼んでいる．ヘリウムガスを検出器ガスとする飛跡検出器などが開発されつつある．

第7章 結び – 不安定核物理の展望

　本書では，不安定核物理の最近の進展を中心に解説を行った．核物理の目的は，原子核という，宇宙で観測可能な物質の大半を占める量子多体系の理解である．そのためには，核構造や反応を決める**多体効果（多体相関）**と**相互作用（核力）**を明らかにすることが重要である．不安定核ビームの登場によって，陽子と中性子の数を人工的に幅広くコントロールできるようになり，この2種類のフェルミオンが織りなす独特の物理を，**中性子物質と陽子物質の差**という観点で見ることができるようになった．中性子ハローやスキン，魔法数の消失や新魔法数の出現などの殻構造の進化は，新種の多体効果として多くの研究の対象となり，核構造研究の中心テーマとなった．

　核力は，摂動論が使えない強い相互作用であるため，いまだに満足のいく深い理解に至っていない．特に3体力などの多体力や，核内での有効相互作用は研究の中心課題である．その中で，中性子・陽子間に働く有効相互作用，特にテンソル力は，不安定核の研究によってその理解が格段に進んだ．魔法数がテンソル力の効果で変化していくことも判明した．相互作用の理解には，さまざまな組み合わせで中性子，陽子からなる系を作ることが重要で，不安定核を使った反応実験は，まさにこの要求に応えるものだったのである．

　2007年には理研に次世代型ともいうべき高性能の不安定核ビーム施設RIビームファクトリー (RIBF) が誕生し，さらには2020年代初頭には米国にFRIB，ドイツにFAIR，韓国にはRAONがRIBFをも上回る性能をもつ施設として完成する．新世代施設の登場で不安定核は新たな局面を迎えつつある．

　この局面で，今後特に重要になると思われるキーワードをいくつか挙げておきたい．

- **中性子ドリップライン**

　　RIBFや世界の次世代型不安定核ビーム施設により，今後，1000種を超え

る不安定核が観測されると期待されている．中性子ドリップラインはいまだに $Z=8$ までしか確定しておらず，それより重い原子核が，どこまで中性子過剰になれるのかはわかっていない．ドリップラインを決定することは，原子核がどこまで束縛して存在しうるのか，という基本的な問いに答えることになるとともに，ハロー現象を始めとする弱束縛系の理解にもつながる．ハローについては，4中性子ハロー核やダイニュートロン相関の解明など，多体相関の研究も重要である．

- **不安定核の二重魔法数核と殻構造進化**

安定線から極端に離れたところに存在する不安定核の中でも，陽子も中性子も魔法数になっている二重魔法数核（二重閉殻核）はまわりよりも安定で，殻模型のベンチマーク核ともなる．最近ようやく ^{78}Ni$(N=50, Z=28)$, ^{100}Sn$(N=Z=50)$ の実験が可能になったが，その研究は基底状態に限られていて，β 崩壊などが行われているだけである．数年以内には励起状態が観測され，さらにまわりの核の1粒子状態や1空孔状態も観測され，安定線から離れたところで殻模型がどのように記述できるのかが明らかになるだろう．^{78}Ni は元素合成の r プロセスのウェイティングポイントの核でもあり，その意味でも重要である．さらに新しい二重魔法数核が今後みつかる可能性がある．例えば ^{60}Ca $(Z=20, N=40)$ はその候補である．^{60}Ca はドリップライン核（あるいはその近傍）の可能性もあり，弱束縛のために閉殻性が崩れている可能性もある．

- **非束縛核子多体系**

ドリップラインを超えた非常に中性子過剰な核子多体系（ドリップライン超核）にも，興味深い共鳴状態がみつかる可能性がある．例えばテトラ中性子（4中性子からなる系）や ^{5}H, ^{7}H などは，これまでも観測の報告があるが，統計量が少なく，その存在が確立したとは言えないような状況である．一方，不安定核ビームの反応を利用して，こうした共鳴状態を生成する手法が現在開発されつつあり，今後，新たな展開が期待される．例えば，RIBF で下浦らによって行われた，^{8}He$+\alpha \to {}^8$Be$+{}^4n$ はそのような反応の1つであり，^4n の状態を示すイベントが実際に観測された [109]．

こうした非束縛少数多体系の研究が重要になってきている背景には，第一原理計算（アブイニシオ計算）の最近の急速な進展がある．これは高速大型計算機の進歩や大規模計算のアルゴリズムの開発に伴うものである．A 体系

の原子核を，互いの核力で相互作用する A 個の核子の集合体とみなして多体計算をするのが第一原理計算である．平均場の存在を仮定する平均場理論やコアの存在を仮定する殻模型計算と比べ，アブイニシオ計算は計算量が桁違いに大きいため，現在でも $A=12$ 程度までしか計算できない．一方でアブイニシオ計算の大半は，相互作用のみを仮定する．そのため，テトラ中性子や ^{7}H などの極端に中性子過剰な核子多体系の構造が実験的に解明され，アブイニシオ計算と比較されるようになれば，アイソスピン依存力（中性子過剰度に依存した核力）や3体力，4体力の理解につながるだろう．

もう 1 つ注目されているドリップライン超核が ^{28}O である．^{28}O は $Z=8, N=20$ で，二重魔法数核の可能性もあるが，ドリップラインの ^{24}O から 4 個も中性子過剰な非束縛核で，生成・観測が難しい．RIBF で，その生成実験にようやくこぎつけたところである．理論的には ^{28}O が束縛するという結果もあるくらいなので，実際は ^{26}O のようにすれすれで非束縛で，長寿命の 4 中性子放出体であるかもしれない．$N=20$ で中性子過剰な領域には本書でも触れたように逆転の島が存在し，魔法数が消失している可能性も高い．そうなると殻進化という観点でも興味深い．陽子数が魔法数のドリップライン超核，^{26}O や ^{28}O は，理論面からも重要で，カイラル有効場の理論と呼ばれる QCD（量子色力学）をベースとした理論計算のベンチマーク核ともなっている．非束縛核なので，調和振動子を基底とする殻模型計算が苦手としているが，連続状態を取り入れることのできる殻模型計算も最近登場している．

- **中性子スキン核，核物質の状態方程式，中性子星**

この項目については，第 6 章で述べたように，不安定核物理の重要テーマとして，さらなる展開が期待される．中性子スキンは，核の表面にある純中性子物質の皮で，中性子過剰核で特に発達すると予想されているものであるが，いまだによくわかっていない．第 6 章の 6.4.2 項で述べたように，今後，不安定核の電子散乱の実験などが行われるようになり，中性子スキン厚の測定が進むだろう．また，ピグミー共鳴や巨大単極子共鳴の測定が進み，核物質の状態方程式中の対称エネルギー $S(\rho)$ が，精度よく決定できる日も近いであろう．

核物質の状態方程式は，中性子星の半径や最大質量の決定，さらには内部構造の理解に重要である．中性子スキン核は，中性子星物理の地上におけるシミュレータとして，今後も重要な役割を果たすものと思われる．

第 7 章 結び – 不安定核物理の展望

- **元素合成**

　不安定核物理は **物質の起源**，つまり宇宙における元素合成を理解するうえでも重要な役割を果たしている．これについては本書では紙面の制約からほぼ割愛したが，特に r プロセスを始めとする重元素合成の理解に向けて，不安定核物理は今後も重要な役割を果たすであろう．

　r プロセスは爆発的な天体現象において，高温高密度で，中性子が過多な環境が発生したときに起こる．中性子の連続的な放射性捕獲反応により非常に中性子過剰な原子核ができ，やがて冷えたときに β 崩壊して安定核に行き着いて元素が生成されるのである．r プロセスは非常に中性子過剰な核を経由するために，関連する実験が難しく，いまだに核図表上での経路に不定性がある．宇宙物理学的にも，どこで r プロセスが起こったのかが決着していない状況である．まずは，r プロセスに関与するような β 崩壊や，関連する核の質量測定が重要であり，RIBF でも着々と測定が進んでいる [80, 81, 110]．さらには r プロセスの直接的な測定に相当する中性子捕獲反応率の測定なども今後の課題となる．

- **超重元素**

　これも，本書では割愛した項目である．どこまで原子核は重くなれるのか，というのは根源的な問いであるがまだわかっていない．理論的には例えば $Z = 114, 120, 126$, $N = 184$ などが魔法数になる可能性があり，そうするとその付近が **安定の島** となって長寿命の原子核が存在するかもしれない．安定の島が存在すれば，宇宙での元素合成過程の理解においても大きな変革が起きる可能性もある．

　RIBF では森田らが $Z = 113$ 番元素の合成に成功しており [3]，連続するアルファ崩壊をした先の原子核の同定により $^{278}113$ という (Z, A) が特定されている．一方，JINR（ロシア）では $^{294}118$ の測定が報告されているが [2]，崩壊した先の最終的な核が自発核分裂するので，(Z, A) の同定には模型依存性がある．いずれにせよ，これまでのところこの安定の島にまだ達しているという報告はない．不安定核ビームが将来的に蓄積リングなどで蓄積され，不安定核ビームの反応で超重元素の合成が可能になれば安定の島に到達できるかもしれない．合成方法や同定方法の開発も含め，現在世界的な競争が起こっており今後 10–20 年くらいで飛躍的に進展するであろう．

不安定核ビームが本格的に始まった LBNL での実験から約 30 年が経ち，不安定核物理は核物理の主要分野の 1 つになった．不安定核物理のカバーする範囲は多岐にわたり，本書でもすべて触れることができないほどであった．新世代型施設の登場でこの分野はさらに拡大するであろう．この分野が面白いのは，これまで気づいていなかったような新しい現象やアイディアがふとしたきっかけで生まれることである．これをセレンディピティ (Serendipity) と呼んでいるが，筆者自身の研究でもそういうことがしばしばあった．上で述べたようなキーワードはほんの一例であり，今後新たな課題，物理の新現象が出てくることも大いに期待される．不安定核物理の分野は幅広く多様であり，常に新しい流れを生むための種があちらこちらに散らばっているのである．

参考文献

[1] 和南城伸也 天文月報 **107**, 7 (2014).
[2] Yu. Ts. Ogannessian *et al.*, Phys. Rev. Lett. **109**, 162501 (2012).
[3] K. Morita *et al.*, J. Phys. Soc. Jpn. **81**, 103201 (2012).
[4] M. Wang, G.Audi, A.H. Wapstra *et al.*, Chinese Phys. C **36**, 1603 (2012).; http://amdc.impcas.ac.cn/evaluation/data2012/ame.html
[5] 原子核の質量計算については，HFB14（ハートリーフォックボゴリュボフ計算），KTUY 質量公式などが知られている．本書では HFB14 に基づいて核図表を作成した．なお，KTUY の結果に基づく核図表は日本原子力研究開発機構から取得することができる．HFB14:S. Goriely, M. Samyn, J.M. Pearson, Phys. Rev. C **75**, 064312 (2007); KTUY: H. Koura, T. Tachibana, M. Uno, M. Yamada, Prog. Theor. Phys. **113**, 305 (2005).
[6] D.E. Greiner *et al.*, Phys. Rev. Lett. **35**, 152 (1975).
[7] A.S. Goldhaber, Phys. Lett. B 53, 306 (1974).
[8] K. Shibata *et al.*, J. Nucl. Sci. Technol. **48**, 1 (2011); JENDL-4.0, 日本原子力研究開発機構.
[9] Y. Yano, Nucl. Instr. and Methods Phys. Res. B **261**, 1009 (2007).
[10] T. Motobayashi, H. Sakurai, Prog. Theor. Exp. Phys. **2012**, 03C001 (2012).
[11] P. Van Duppen: Isotope Separation On Line and Post Acceleration, Lect. Notes Phys. **700**, 37-77 (2006).
[12] M. Wada *et al.*, Nucl. Instr. and Methods Phys. Res. B **204**, 570 (2003).
[13] S.K. Charagi, S.K. Gupta, Phys. Rev. C **41**, 1610 (1990).
[14] I. Tanihata, H. Hamagaki, O. Hashimoto, Y. Shida, N. Yoshikawa, K. Sugimoto, O. Yamakawa, T. Kobayashi, and, N. Takahashi, Phys. Rev. Lett. **55**, 2676 (1985).

[15] I. Tanihata *et al.*, Phys. Lett. B **206**, 592 (1988).

[16] I. Tanihata, H. Savajols, R. Kanungo, Prog. Part. Nucl. Phys. **68**, 215 (2013).

[17] P.G. Hansen, and B. Jonson, Europhys. Lett. **4**, 409 (1987).

[18] T. Kobayashi, O. Yamakawa, K. Omata, K. Sugimoto, T. Shimoda, N. Takahashi, and I. Tanihata, Phys. Rev. Lett. **60**, 2599 (1988).

[19] I. Talmi and I. Unna, Phys. Rev. Lett. **4**, 469 (1960).

[20] J.H. Kelley, E. Kwan, J.E. Purcell, C.G. Sheu, H.R. Weller, Nucl. Phys. A**880**, 88 (2012).

[21] I. Hamamoto, S. Shimoura, J.Phys. G: Nucl. Part. Phys. **34**, 2715 (2007).

[22] A.B. Migdal, Yad. Fiz. **16**, 427 (1972); English translation Sov. J. Nucl. Phys., **16**, 238 (1973).

[23] K. Hagino and H. Sagawa, Phys. Rev. C **72**, 044321 (2005).

[24] H. Simon *et al.*, Nucl. Phys. A **791** 267 (2007).

[25] N. Aoi *et al.*, Nucl. Phys. A **616** 186c (1997).

[26] K. Ikeda, INS Report JHP-7 (1988).

[27] J.D. Jackson, *Classical Electrodynamics, 2nd Edition* (Wiley, New York 1975).

[28] C. Bertulani and G. Baur, Phys. Rep. **163**, 299 (1988).

[29] T. Kobayashi *et al.*, Phys. Lett. B **232**, 51 (1989).

[30] T. Nakamura *et al.*, Phys. Lett. B **331**, 296 (1994)

[31] N. Fukuda *et al.*, Phys. Rev. C **70**, 054606 (2004).

[32] R. Palit *et al.*, Phys. Rev. C **68**, 034318 (2003).

[33] T. Nakamura, Y. Kondo, Clusters in Nuclei, Vol. 2 (Lecture Notes in Physics vol. 848) ed. C. Beck (Berlin: Springer) pp66-119 (2012).

[34] T. Nakamura *et al.*, Phys. Rev. Lett. **83**, 1112 (1999).

[35] T. Nakamura *et al.*, Phys. Rev. C **79**, 035805 (2009).

[36] K. Ieki *et al.*, Phys. Rev. Lett. **70**, 730 (1993); D. Sackett *et al.*, Phys. Rev. C **48**, 118 (1993).

[37] S. Shimoura *et al.*, Phys. Lett. B **348**, 29 (1995); S. Shimoura, private communication.

[38] M. Zinser *et al.*, Nucl. Phys. A **619**, 151 (1997).

[39] T. Nakamura et al., Phys. Rev. Lett. **96**, 252502 (2006).

[40] H. Esbensen and G.F. Bertsch, Nucl. Phys. A **542**, 310 (1992); H. Esbensen, private communication.

[41] T. Myo, K. Kato, H. Toki, and K. Ikeda, Phys. Rev. C **76**, 024305 (2007).

[42] T. Nakamura et al., Phys. Rev. Lett. **103**, 262501 (2009).

[43] M. Takechi et al., Phys. Lett. B **707**, 357 (2012).

[44] T. Nakamura et al., Phys. Rev. Lett. **112**, 142501 (2014).

[45] K. Tanaka et al., Phys. Rev. Lett. **104**, 062701 (2010).

[46] N. Kobayashi et al., Phys. Rev. C **86**, 054604 (2012).

[47] N. Kobayashi et al., Phys. Rev. Lett. **112**, 242501 (2014).

[48] M. Takechi et al., Phys. Rev. C **90**, 061305 (2014).

[49] M. Matsuo, Phys. Rev. C **73**, 044309 (2006).

[50] J. Meng et al., Phys. Rev. Lett. **80**,460 (1998).

[51] C. Thibault, et al., Phys. Rev. C **12**, 644 (1975).

[52] E.K. Warburton, J.A. Becker, B.A. Brown, Phys. Rev. C **41**, 1147 (1990).

[53] B.A. Brown, W.A. Richter, Phys. Rev. C **74**, 034315 (2006).

[54] T. Motobayashi et al., Phys. Lett. B **346**, 9 (1995).

[55] S. Takeuchi et al., Nucl. Instr. and Methods Phys. Res. A **736**, 596 (2014).

[56] A. Bohr, B.R. Mottelson, *Nuclear Structure* (Benjamin Reading, MA 1975), Vol.II.

[57] B.M. Brink, R.A. Brodlia, *Nuclear Superfluidity* (Cambridge University Press 2005).

[58] K. Yoneda et al., Phys. Lett. B **499**, 233 (2001).

[59] P. Doornenbal et al., Phys. Rev. Lett. **103**, 032501 (2009).

[60] S. Takeuchi et al., Phys. Rev. Lett. **109**, 182501 (2012).

[61] P. Doornenbal et al., Phys. Rev. Lett. **111**, 212502 (2013).

[62] A. Gade et al., Phys. Rev. Lett. **99**, 072502 (2007).

[63] E. Caurier, F. Nowacki, A. Poves, Phys. Rev. C **90**, 014302 (2014).

[64] Y. Utsuno, et al., Phys. Rev. C **86**, 051301(R) (2012).

[65] A. Ozawa, T. Kobayashi, T. Suzuki, K. Yoshida, I. Tanihata, Phys. Rev. Lett. **84**, 5493 (2000).

[66] H. Sakurai et al., Phys. Lett. B **448**, 180 (1999).

[67] R. Kanungo *et. al.*, Phys. Rev. Lett. **102**, 152501 (2009).
[68] C.R. Hoffman *et al.*, Phys. Rev. Lett. **100**, 152502 (2008).
[69] C.R. Hoffman *et al.*, Phys. Lett. B **672**, 17 (2009).
[70] K. Tshoo *et al.*, Phys. Rev. Lett. **109**, 022501 (2012).
[71] Robert V.F. Janssens, Nature **459**, 1069 (2009).
[72] E. Lunderberg, *et al.*, Phys. Rev. Lett. **108**, 142503 (2012).
[73] Y. Kondo, *et al.*, Phys. Rev. Lett., in press (2016).
[74] Y. Utsuno *et al.*, T. Otsuka, T. Mizusaki, and M. Honma, Phys. Rev. C **60**, 054315 (1999).
[75] T. Otsuka, *et al.*, Phys. Rev. Lett. **95**, 232502 (2005).
[76] A. Bohr, B.R. Mottelson, *Nuclear Structure* (Benjamin Reading, MA 1969), Vol.I.
[77] I. Hamamoto, Phys. Rev. C **76**, 054319 (2007).
[78] I. Hamamoto, Phys. Rev. C **81**, 021304(R) (2010).
[79] D. Steppenbeck *et al.*, Nature **502**, 207 (2013).
[80] T. Nishimura *et al.*, Phys. Rev. Lett. **106**, 052502 (2011).
[81] Z.Y. Xu *et al.*, Phys. Rev. Lett. **113**, 032205 (2014).
[82] A.W. Steiner, M. Prakash, J.M. Lattimer, P.J. Ellis, Phys. Rep. **411**, 325 (2005).
[83] 物理学最前線 15 玉垣良三著「高密度核物質」共立出版 (1986).
[84] G. Colo *et al.*, Phys. Rev. C **70**, 024307 (2004).
[85] 岩波講座物理の世界 野本憲一編「元素はいかにつくられたか」岩波書店 (2007).
[86] J.M. Lattimer, M. Prakash, Science **304** 536 (2004).
[87] 柴崎徳明著「中性子星とパルサー」培風館 (1993).
[88] P.B. Demorest *et al.*, Nature **467**, 1081 (2010).
[89] J.M. Lattimer, M. Prakash, Phys. Rep. **442** 109 (2007).
[90] J.M. Lattimer, Annu. Rev. Nucl. Part. Sci. **62**, 485 (2012).
[91] I. Tanihata *et al.*, Phys. Lett. B **B289**, 261 (1992).
[92] P. Mueller *et al.*, Phys. Rev. Lett. **99**, 252501 (2007).
[93] T. Suzuki *et al.*, Phys. Rev. Lett. **75**, 3241 (1995).
[94] R.J. Furnstahl *et al.*, Nucl. Phys. A **706**, 85 (2002).

[95] P. Adrich,et al., Phys. Rev. Lett. **95**, 132501 (2005).

[96] A. Klimkiewicz, et al., Phys. Rev. C **76**, 051603(R) (2007).

[97] A. Tamii et al., Phys. Rev. Lett. **107**, 062502 (2011).

[98] 民井淳，錢廣十三，日本物理学会誌 **69**, 6 (2014).

[99] 民井淳，Private Communication.

[100] P.-G. Reinhard, W. Nazarewicz, Phys. Rev. C 81, 051303(R) (2010).

[101] M.B. Tsang et al., Phys. Rev. C **86**, 015803 (2012).

[102] I. Tews, T.Krüger, K. Hebeler, A. Schwenk, Phys. Rev. Lett. **110**, 032504 (2013).

[103] M. Kortelainen et al., Phys. Rev. C **82**, 024313 (2010).

[104] K. Hebeler, J. Lattimer, C. Pethick, and A. Schwenk, Phys. Rev. Lett. **105**, 161102 (2010).

[105] T. Kobayashi et al. , Nucl. Instr. and Methods Phys. Res. B **317**, 294 (2013).

[106] T. Yamaguchi et al., Phys. Rev. Lett. **107**, 032502 (2011).

[107] M.Wakasugi, T.Suda, Y.Yano, Nucl. Instrum. Meth. A **532**, 216 (2004).

[108] M. Vandebrouck et al., Phys. Rev. Lett. **113** , 032504 (2014).

[109] K. Kisamori, S.Shimoura et al., Phys. Rev. Lett. **116**, 052501 (2016).

[110] G. Lorusso et al., Phys. Rev. Lett. **114**, 192501 (2015).

索　引

■英数字▶

β崩壊 14
1中性子ハロー核 53, 68
1粒子エネルギー 124
1粒子軌道 77, 101
1粒子軌道模型 123
1粒子準位 79
1粒子状態 102
1粒子模型 68
2中性子相関 78
2中性子ハロー核 53, 77
2粒子2空孔状態 106
3体力 28
FAIR 46, 169
FRIB 46, 169
ISOLDE 49
RAON 169
RCNP 162, 163
RI 8
RIBF 4, 45, 169
rプロセス 3, 56, 136, 172
Thomas Reiche Kuhn(TRK)の和則
　84, 159
TOV方程式 146

■あ▶

アイソスピン 4, 22
アイソトープ 7
アイソトープシフト 154
アイソトーン 7
アイソバー 7
アクセプタンス 40
アクティブ標的 167
アブイニシオ計算 155, 170

安定核 1, 3, 7
安定の島 172

イラスト線 115
インビームγ線核分光 109
インフライト型不安定核分離装置 29,
　41, 44

ウッズサクソンポテンシャル 69
運動学的収束 89
運動量分布 33, 65

液滴模型 12
遠心力ポテンシャル 70

オブレート変形 120, 131
オンライン同位体分離装置 29, 46, 47

■か▶

回転運動 114
価核子 123
化学ポテンシャル 143
殻構造 73, 101
核子 1
殻進化 102, 123
核図表 3
核スピン 23, 74
核破砕反応 29, 30, 115
核物質 137, 138
核物質の状態方程式 138, 150, 171
核分裂反応 29
核ヤン・テラー効果 132
核力 2, 26
カスケード崩壊 116
仮想光子 85, 108, 110

仮想光子法 86, 158
価中性子 65, 74, 111
荷電対称性 10
荷電半径 155
換算遷移確率 85, 110, 133

逆転の島 102, 112
ギャップ 101
巨大双極子共鳴 40, 82, 83, 159
巨大ハロー 100

クーロン核分裂反応 39
クーロン分解反応（クーロン分解）
　85, 158
クーロン励起 85, 107, 108
グラウバー近似 60
クラスト 141, 142
クロストーク 96

結合エネルギー 9
原始中性子星 142
元素合成 26, 172

■ さ ▶

酸素ドリップライン異常 121
残留相互作用 13, 75

磁気硬度 42
四重極変形 114, 115
四重極変形度 110, 131
質量関数 148
質量公式 13
自発核分裂 36
自発的対称性の破れ 106
弱束縛系 129, 170
弱束縛（ハロー）効果 128
弱束縛性 63
シャピロの時間の遅れ 148
詳細釣り合いの式 93
状態方程式 137
侵入状態 75
新魔法数の出現 102

スピン一重項 24

スピン軌道相互作用 73
スピン三重項 24
スピン・パリティ 74

漸近量子数 131
全反応断面積 57

双極分極率 164
相互作用断面積 57, 59
相互作用半径 60
ソフト双極子共鳴 82, 83
ソフト双極子励起（ソフト $E1$ 励起）
　82, 84, 87

■ た ▶

大規模殻模型計算 123
対称エネルギー 140, 141, 165
対称核物質 139
ダイニュートロン 79
ダイニュートロン相関 · 55, 78, 81, 97
ダイニュートロン模型 63
多体相関 10, 106
単極子巨大共鳴 140, 166
弾性散乱 57

中間エネルギークーロン励起 109
中性子スキン .. 21, 137, 153, 156, 162
中性子スキン核 151, 171
中性子星 137, 141, 142, 147, 171
中性子ドリップライン 9, 15, 169
中性子ドリップライン核 100, 121
中性子ハロー 53
中性子物質 139, 140
中性子分離エネルギー 15
中性子捕獲断面積 93
中性子捕獲反応 38
超重元素 12, 172
超新星爆発 142
直接分解反応モデル 84, 90

対相互作用 13, 115

テトラ中性子 17, 170
電気四重極 ($E2$) 遷移 108

索引

電気双極子応答 ················ 83, 158, 162
電磁応答 ······························ 40, 83
電子捕獲 ································· 142
テンソル相関 ····························· 97
テンソル力 ····················· 24, 98, 125
天体核反応 ······························· 93

同位体 ······································· 7
透過法 ···································· 58
同中性子体 ································· 7
ドリップライン ························ 9, 15
ドリップライン異常 ············· 121, 122
ドリップライン核 ····················· 120
ドリップライン超核 ···················· 9, 16

な

二重魔法数 ······················ 122, 136
二重魔法数核（二重閉殻核）101, 170
二段階核破砕反応 ··············· 116, 118
入射核破砕反応 ···················· 30, 115
ニルソン模型 ··························· 130

は

ハイペロン ······························ 144
ハロー ··································· 53

非圧縮率 ·························· 140, 166
光吸収断面積 ·········· 86, 93, 159, 164
光吸収反応 ······················ 39, 83
ピグミー共鳴 ··························· 158
ピグミー双極子共鳴 ············ 158, 159
飛行核分裂 ······························ 40
非束縛核 ································· 9
非束縛核子多体系 ···················· 170
非弾性散乱 ······························ 57
表面振動 ································ 113

不安定核 ··························· 1, 3, 7
不安定核インビーム γ 線核分光 · 107
フェルミ運動量 ··················· 19, 156
フェルミエネルギー ············· 19, 143
フェルミガス模型 ······················ 18

不変質量法 ······························ 88
プロレート変形 ················ 120, 131
分光学的因子 ··························· 102

閉殻 ····································· 73
閉殻核 ································· 101
平均二乗根半径 ·············· 60, 63, 155
平均二乗半径 ··························· 60
変形度 ································· 108
変形の大島 ····························· 119
変形誘因型ハロー ············· 100, 132

放射性同位体 ····························· 7
放射性捕獲反応 ···················· 93, 172
飽和密度 ······························· 139
ボロミアン ···························· 55

ま

魔法数 ························ 2, 73, 101
魔法数の消失 ························· 102

密度の飽和性 ···························· 2

や

ヤン・テラー効果 ···················· 132

誘起核分裂 ······························ 36

陽子ドリップライン ················ 9, 15
陽子非弾性散乱 ······················ 162

ら

連続状態 ································ 79

わ

ワイスコップ単位 ······················ 90
和則 ································ 84, 96

著者紹介

中村隆司（なかむら　たかし）

1993 年　東京大学大学院理学系研究科物理学専攻博士課程単位取得退学
1993 年　理化学研究所　基礎科学特別研究員
1995 年　東京大学大学院理学系研究科物理学専攻　助手
1996 年　博士（理学）（東京大学）
1998 年　ミシガン州立大学超伝導サイクロトロン研究所客員研究員（兼任）
2000 年　東京工業大学大学院理工学研究科基礎物理学専攻　助教授
2007 年　東京工業大学大学院理工学研究科基礎物理学専攻　准教授
2008 年-現在　東京工業大学大学院理工学研究科基礎物理学専攻　教授
専　門　原子核物理学実験
趣 味 等　旅行，ドライブ，地図を眺めること，英語以外の外国語をかじること

基本法則から読み解く 物理学最前線 8
不安定核の物理
中性子ハロー・魔法数異常から
中性子星まで
Physics of Unstable Nuclei
—Neutron Halo, Loss of Magicity, and
Neutron Star—

2016 年 3 月 15 日　初版 1 刷発行

著　者　中村隆司 ⓒ 2016
監　修　須藤彰三
　　　　岡　真
発行者　南條光章
発行所　**共立出版株式会社**
　　　　東京都文京区小日向 4-6-19
　　　　電話　03-3947-2511（代表）
　　　　郵便番号　112-0006
　　　　振替口座　00110-2-57035
　　　　URL http://www.kyoritsu-pub.co.jp/
印　刷
製　本　藤原印刷

検印廃止
NDC 429.6
ISBN 978-4-320-03528-7

一般社団法人　自然科学書協会　会員

Printed in Japan

|JCOPY| ＜出版者著作権管理機構委託出版物＞
本書の無断複製は著作権法上での例外を除き禁じられています．複製される場合は，そのつど事前に，出版者著作権管理機構（TEL：03-3513-6969，FAX：03-3513-6979，e-mail：info@jcopy.or.jp）の許諾を得てください．